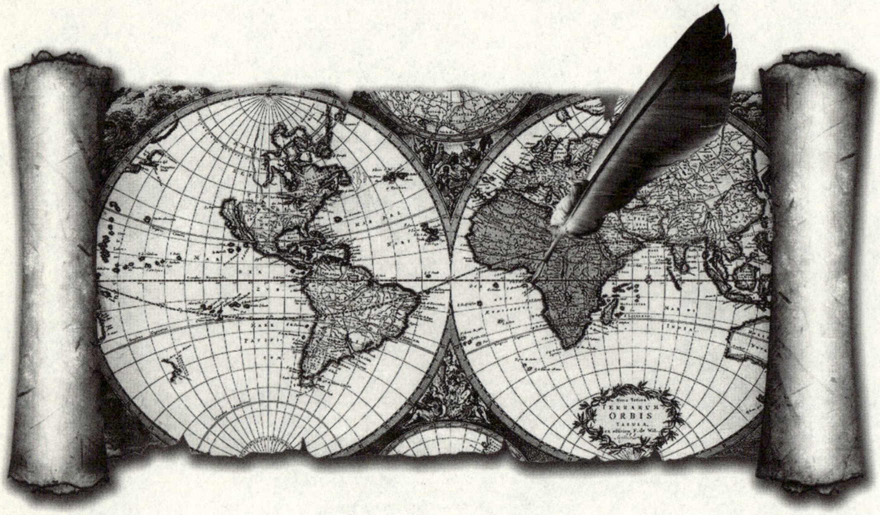
ORBIS

〖枕边珍藏版〗

改变你一生的秘密

Changes your life the secret

卓越人生的第一本智慧书

李伟◎著

当代世界出版社

图书在版编目（CIP）数据

改变你一生的秘密/李伟著. —北京：当代世界出版社，2009.10

ISBN 978 - 7 - 5090 - 0562 - 0

Ⅰ. 改… Ⅱ. 李… Ⅲ. 人生哲学—通俗读物 Ⅳ. B821 - 49

中国版本图书馆 CIP 数据核字（2009）第 187819 号

书　　名：	改变你一生的秘密
出版发行：	当代世界出版社
地　　址：	北京市复兴路 4 号（100860）
网　　址：	http：//www.worldpress.com.cn
编务电话：	（010）83908404
发行电话：	（010）83908410（传真）
	（010）83908408
	（010）83908409
	（010）83908423（邮购）
经　　销：	新华书店
印　　刷：	三河市汇鑫印务有限公司
开　　本：	710 毫米×1000 毫米　1/16
印　　张：	16
字　　数：	240 千字
版　　次：	2010 年 1 月第 1 版
印　　次：	2010 年 1 月第 1 次
印　　数：	5000 册
书　　号：	ISBN 978 - 7 - 5090 - 0562 - 0
定　　价：	35.00 元

如发现印装质量问题，请与承印厂联系调换。
版权所有，翻印必究，未经许可，不得转载！

写在前面

我的一位朋友，他有一种习惯——无论是什么商品，只要生产者强调它是多功能的，或适合所有人的，他一般都要拒绝。因为他常说，更多的例子表明，雅俗共赏与老幼皆宜商品，就像包治百病的狗皮膏药一样，结果只能是误事。

对于书，我是持有这种观点的，我从未在我的作品中说过"本书适合所有人阅读"之类的话。因为书是一种更加细化的商品，它的针对性更强。

人的一生中，每个时段都要阅读不同类型的书籍，每一种需求，都要选择不同专业的书籍。既然我们不能生产出既能洗衣服、又能烤面包的机器，又为什么说有一本书适合所有人阅读呢？

本书亦是如此。

本书只适合真正阅读的人，就是那些能静下心来，通过细细品味文字而汲取营养的人。凡是想走马观花、一睹为快的朋友，可能会让您失望了，因为本书根本就没有小标题——你只有读进去了，才知道它写的是什么。

本书以"秘密"为标题，其实并没有什么深奥的道理，只是些我们平时都已经意识到，只是没有及时总结的东西。今天，我在这里为您做一个总结，希望您在阅读过程中，能有新的收获。

　　柳传志说过，简单的事情做好就不简单。《改变你一生的秘密》以其简捷而深刻的人生哲理，能够真的让您有所感悟，有所改变。我相信，只要您真的读进去，肯定会有所收益。

李　伟
2009 年 10 月于北京

目 录

卷 一 可以平凡，但不可平庸 ……………………… 1

　　坐在舒适软垫上的人容易睡去。依靠他人，觉得总会有人为你做任何事，这种想法会渐渐磨灭你的雄心壮志。一个身强体壮、背阔腰圆的年轻人，竟然两手插在口袋里等着帮助，这无疑是世上最令人恶心的一幕。

卷 二 懂点心理学 …………………………………… 21

　　所有人都喜欢被辅佐，却不喜欢被超越。如果你想向某人提出忠告，应该表现出你只是在提醒他，而且那种东西是他本来就知道不过偶然忘掉了，而不是要靠你解释才能明白的东西。

卷 三 时刻与强者为伍 ……………………………… 37

　　物以类聚，人以群分。人们往往会根据一个人交往的朋友，来判断他本人的性质与特点。

卷 四 拒绝模仿 ……………………………………… 59

　　没有一个人能依靠模仿他人成就伟大的事业。成功总是躲避模仿者，却喜欢追求创造者。专事效仿的人，不论他所模仿的人多么伟大，也绝不会成功。

卷 五 别为小事而疯狂 ……………………………… 77

　　明智的艺术，就是清醒地知道该忽略什么的艺术。不要被不重要的人和事打扰，真英雄之所以是真英雄，不仅在于他的勇猛或胆识过人，更在于不与小人一般见识。

卷 六 习惯就是命运 ·········· 97

经验有时就是负担，因为它教会我们"不敢"。在一个人面前，机会越多，反而会造成严重的负面结果。

卷 七 心态决定成败 ·········· 115

积极的心态使你充满力量。很多事情，似乎大多数人都能预测一些后果，但就是不能果断。当需要作出决定的时候，在各种各样的原因面前退缩了，胆怯了，这样就只能把自己的生命推向未知的深渊。

卷 八 时刻反省：反省自己，反省他人 ·········· 147

反省自己，让我们不断进步；反省别人，让我们避开风险。反省自己很重要，反省别人更重要。

卷 九 你到底想要什么 ·········· 173

你正在做的事，就是你生命中最重要的事——即使是在剥一个橘子。你要多多考虑对方的立场，把问题的焦点放在对方的利益上。否则，纵使你懂得许多说服别人的技巧，也不可能奏效。

卷 十 绝不忧虑 ·········· 191

只要超群出众，就一定会受到批评。我知道很多麻烦事，却很少真的发生过。忧虑就像假设的债务，但我们却在事先就支付了利息。

卷十一 精于处世之道 ·········· 211

凡事切勿盲目下定论。只有傻子才会急急忙忙确定自己的立场——过早地依附某一方，会使自己丧失机动性和主动权。

卷一

可以平凡,但不可平庸

changes your life the secret

1. 尼克松当美国总统时，白宫几次进行权力变动，但基辛格始终保有一席之地。这并不是因为他是最好的外交官，也不是因为他与尼克松相处融洽，更不是因为他俩有共同的政治理念。而是因为他涉足政府机构内的领域太多，离开他会导致极大的混乱。

任何一个人，一旦拥有了别人不可替代或逾越的能力，就会使自己的地位变得十分稳固。因此，让一切都在自己的掌控之中，<u>让自己的技能无可取代，才能永久立于不败之地</u>。

2. 很多男人常常会埋怨陪伴女人买东西，既费时间，又很劳累。她们不是对花纹不满意，就是对式样百般挑剔，或者觉得虽然式样勉强说得过去，可惜质料实在不行。由于各种因素而犹豫不决，结果常常空手而归。其实，这些毛病并非只有女人才有，一般人在工作或读书的时候，也常会拘泥于小节而忽视大局。

我们<u>看问题应该把眼光放在较大的目标上</u>。一个没有做成生意的售货员对经理说："买卖没做成，但我和那位客人吵嘴赢了。"在销售中，重要的是做成生意，而不是分辨谁对谁错。

也就是说，我们<u>宁愿失去一场战斗而赢得整个战争，也不愿因赢得一场战斗而失去整个战争</u>。

3. 一个冷静的倾听者，不但到处受人欢迎，而且会逐渐了解许多事情。而一个喋喋不休者，像一只漏水的船，每一个乘客都希望赶快逃离它。正所谓言多必失，多言多败。只有沉默，才不至于被出卖。

有人说言语是一种卑贱的东西，一个说话极随便的人，一定没有责任心。话多不如话少，多言不如多知。即使千言万语，也不及一个事实留下的印象那么深刻。多言是虚浮的象征，因为口头慷慨的人，行动一定吝啬。保持适当的缄默，别人将以为你是一位哲学家。

一个人话说得少且说得好，便可被视为绅士。因此，在我们的人生中，有两种优点是必不可少的：沉默与优雅的谈吐。如果我们不会机智的谈吐，又不会适时沉默，是很大的缺憾，是不幸的。我们常因话说得太多而后悔，所以当你对某事无深刻的了解的时候，最好还是保持沉默。

4. 有个很成功的商人，三教九流，朋友无数。他曾逢人就自夸，说朋友之多，天下第一。后来有人问他：你朋友这么多，你都同等对待吗？

他沉思了一下说："当然不可能同等对待，要分等级的！"他说虽然自己交朋友都是诚心的，但别人来和他做朋友却不一定都是诚心的。在他的朋友中，人格高尚的朋友固然很多，但想从他身上获取一点利益，心存二意的朋友也不少。"对方是不够诚恳的朋友，我总不能也对他推心置腹吧！"这位商人说，"那只能害了自己。"

所以，在不得罪"朋友"的情况下，要把朋友分"等级"，有"刎颈之交级"、"推心置腹级"、"酒肉朋友级"、"嘻嘻哈哈级"、"保持距离级"等。根据这些等级来决定和对方来往的亲密度。

"我过去就是因为把人人都当作好朋友，受到了不少伤害。不仅有物质上的伤害，还有心灵上的伤害，所以今天才会把朋友分等级。"他颇有感慨地说。

5. 四岁的小克莱门斯上学了。教书的霍尔太太是一位虔诚的基督徒，每次上课前，她都要领着孩子们进行祈祷。有一天，霍尔太太给孩子们讲解《圣经》，当讲到"祈祷，就会获得一切"的时候，小克莱门斯忍不住站了起来，他问道："如果我向上帝祈祷，他会给我想要的东西吗？"

"是的，孩子，只要你愿意虔诚地祈祷，你就会得到你想要的东西。"

小克莱门斯特别想得到一块很大很大的面包，因为他从来没有吃过那样诱人的面包。而他的同桌，一个金头发的小姑娘每天都会带着一块那么诱人的面包来到学校。她常常问小克莱门斯要不要尝一口，小克莱门斯每次都坚定地摇头，但他的心里是痛苦的。

放学的时候，小克莱门斯对小姑娘说："明天我也会有一块大面包。"回到家后，小克莱门斯关起门，无比虔诚地进行祈祷，他相信上帝已经看见了自己的表情，上帝一定会被自己的诚心感动的！然而，第二天起床后，当他把手伸进书包的时候，除了一本破旧的课本，什么也没有发现。他决定每天晚上坚持祈祷，一定要等到面包的降临。

一个月后，金头发的小姑娘笑着问小克莱门斯："你的面包呢？"

小克莱门斯已经无法继续自己的祈祷了。他告诉小姑娘，上帝也许根本就没有看见自己在进行虔诚的祈祷，因为，每天肯定有无数的孩子都进行着这样的祈祷，而上帝只有一个，他怎么会忙得过来？小姑娘笑着说："原来祈祷的人都是为了一块面包，但一块面包用几个硬币就可以买到了，人们为什么要花费这么多的时间去祈祷，而不是去赚钱买面包呢？"

小克莱门斯决定不再祈祷。他相信小姑娘所说的正是自己想要知道的——只有通过实际的工作来获得自己想要的东西，而祈祷，永远只能让你停留在等待中。小克莱门斯对自己说："我不要再为一件卑微的小东西祈祷了。"

多年以后，当小克莱门斯用笔名"马克·吐温"发表作品的时候，他已经是一名为理想勇敢战斗的作家了。他再没有祈祷上帝，因为在无数个艰难的日子中，他都记着：*不要为卑微的东西祈祷！只有奋斗和努力是真实的，只有自己的汗水是真实的。*

6. 对人生的幸福和苦难而言，没有超越自我的气概，内视自守的精神品质，就不会在苦难的胁迫下，保持一个谈笑自如的我；没有对世情的彻悟，洒脱的生命情怀，也就不会在幸福的裹挟下，保持一个恬淡平和的心境。一个真正能够迎接和承受各种人生际遇和挑战的人，绝不是气量狭小的平庸之徒，他可能会忧郁，但灵魂的天空不会黑云压城；他也许兴奋，但热泪盈盈中他不会因此迷失方向。因为他能承受住自己。

一个善于承受、能够承受的人，人生的步履往往显得沉稳，人生也因此丰富和深厚。承受了阳光，就有了鲜花硕果；承受了巨浪，就有了登临彼岸的放松释然；承受了炼狱之痛，就有了获得新生的欢乐和感悟；承受了结果，是一种对灵魂的提升，道德的修炼，能量的聚集。每一次承受，无不宣泄和张扬着深厚博大的人格魅力。

承受是一种精神，是人生苦涩而美丽的一番心境。不论你愿意与否，生活本身的内容，决定了我们终将是山、是海，是那只踽踽独行、默默跋涉的戈壁骆驼，终将以胸怀以肩膀去承受生活的各种施加。

生而为人，我们需要承受，必须承受。

7. 在暴风雨袭来的时候，小鸟收敛了翅膀，树挺立着，任凭风雨摆布。

在漫长的冬季，绿色告别了大地，种子喘息着，任凭冰雪掩埋。

忍耐是一种承受，一种克制。

忍耐是一种忍受，一种无声的等待。

忍耐是一种追求的韧性，弱小的生命或事物为了避免过早地折断和毁灭，不得不暂时收敛自己的欲望；忍耐是一种追求的策略，一个追求更大的成功的人，不得不忍受小的失败和牺牲。

忍耐必须是有意识的自制的忍耐，忍耐的意识一旦消失，就会出现可悲的结局，那就是对忍耐的习以为常——一张习惯了弯曲的弓再也不会伸直，一个在屋檐下生活惯了的人，离开屋檐的压力便再也不会生活。

然而，忍耐必须是有价值的，一个跪着的人的忍耐是不会有什么意义的。

不同的人对忍耐有不同的感受，相同的忍耐又会塑造出不同的人生。

男人在屈辱中忍耐，女人在痛苦中忍耐；男人因忍耐而变得宽厚，女人因忍耐而变得温柔。

8. 富不过三代，过于顺利的环境并非好事，只能扼杀人的才华。爱情也是如此。

没有经历过失恋，就很难真正懂得珍惜感情，失恋对爱情也未尝不是件好事。

没有遭遇过失败的人，很可能是轻浮的，没有深度的。一个人经历的失败越多，他的经验就越丰富，做人就越成熟，从而能力就越强。只要他还能保持乐观，维持顽强的上进心，最后就一定是成功者。

9. 近朱者赤，近墨者黑。物以类聚，人以群分。只有和比自己更成功的人在一起，和成功者合作，我们才会更成功。

如果我们结交有成就者，那我们终将会成为一个有成就的人，用好莱坞流行的一句话说："一个人能否成功，不在于你知道什么，而是在于你认识谁。"

10. 每个人都有欲望，贫穷的人想变得富有，平凡的人想变得伟大，这无可非议。

但欲望和能力之间是必须成正比的，有些东西只能满足我们一时的虚荣，却耗费了我们的大量精力，追求这些东西是非常不值得的。如果你一味地去追求，你的欲望远远走出了你的能力，那你就已经被贪婪的枷锁牢牢锁住了。

世界上美好的东西多的数不过来，我们不可能全都弄到手，我们总希望得到尽可能多的东西。其实欲望太多，反而会成了累赘。

著名作家林清玄曾说自己一位朋友的亲戚的姑婆从来没穿过合脚的

鞋子，她常穿着巨大的鞋子走来走去。晚辈如果问她，她就会说："大小鞋都是一样的价钱，为什么不买大的呢？"

　　许多人不断地索取，其实只是被内心的贪欲推动着，就好像买了大号的鞋子，忘了不合自己的脚一样。

11. 有些人一旦遇到棘手的事情，就一定要去和他人商量。这种优柔寡断的人，既不相信自己，也不会被别人所信赖。有些人简直优柔寡断到了无可救药的地步，他们不敢决定任何一种事情，不敢担负起应负的责任。而他们之所以这样，是因为他们不知道事情的结果会怎样——究竟是好是坏，是吉是凶。他们常常对自己的决断产生怀疑，不敢相信他们自己能解决重要的事情。因为犹豫不决，很多人错失了成功的大好机会。

　　所以，对成功来说，犹豫不决、优柔寡断是一个最危险的仇敌。在它还没有对你施加影响，破坏你的机会之前，你就应该立即把这样的敌人置于死地。不要再犹豫，不要再思前想后，马上作出决定，就在现在。要逼迫自己作出决策，不要在选择面前无所适从。

12. 爱默生说："坐在舒适软垫上的人容易睡去。"依靠他人，觉得总是会有人为我们做任何事，所以不必努力。这种想法会渐渐磨灭你的雄心壮志，事到临头，你想的不是怎么解决它，而是如何依靠别人。一个身强体壮、背阔腰圆的年轻人竟然两手插在口袋里等着帮助，这无疑是世上最令人恶心的一幕。

13. 环顾我们周围，不难发现，要想使每个人都对自己满意，是不大可能的。我们不可能顾及到每一个人。如果有50%的人对你感到满意，这就算一件令人高兴的事情了。只要看看西方的大选就够了：即使获胜者的选票占多数，但也还有40%之多的人投了反对票。因此，对一般的常人来讲，不管你什么时候提出什么意见，都会有 50% 的人可能提出反对意见，这是一件十分正常的事情。

美国总统林肯，在他上任后不久，有一次将 6 个幕僚召集在一起开会。林肯提出了一个重要法案，而幕僚们的看法并不统一，于是 7 个人便热烈地争论起来。林肯在仔细地听取其他 6 个人的意见后，仍感到自己是正确的。在最后决策的时候，6 个幕僚一致反对林肯的意见，但林肯仍固执己见，他说："虽然只有我一个人赞成但我仍要宣布，这个法案通过了。"

所谓讨论，无非就是从各种不同的意见中选择出一个最合理的。既然自己是对的，那还有什么犹豫的呢？

14. 业精于勤，但是若要勤就必须投入大量的时间和精力。如果同时涉足太多的领域，由此难免会分散精力，四处出击，什么东西都有所涉猎，却又都是浮光掠影，浅尝辄止，最终将一事无成。<u>最明智的做法是将精力集中于一个领域，最终成为该领域的行家里手</u>。

柯律芝是一个才华横溢的年轻人，但是他意志薄弱，缺乏勤勉的习惯，厌恶长期的艰苦工作。他只是一味地沉溺于精神的幻想，这种幻想消耗了他的精力，就如一只脚踏在半空中一般，不切实际地生活着，于是，他的生命过早地耗尽了。他空有万般才华却一事无成，在生活的许多方面，他到最后面对的都是悲惨的失败。他的一生都在不停地下决心、定计划，但直到他撒手西去的那一天，也仍然没有行动的决心，有的只是纸面上的计划而已。尽管他时时有新主意、新目标，但他从未持续地完成过一件事。他的生活是漂泊不定的，就像秋风中的落叶一样，随风飘零，任意东西。

"柯律芝死了，"英国散文家查尔斯·兰姆写信给一位朋友说，"据说他身后留下了 4 万篇有关形而上学和神学的论文——但是其中没有一篇是写完的。"

15. 一度失势的人，在某种机缘下再度翻身爬起来的例子不在少数。如果等到失势的人再度成功时，才去攀附交情，则为时已晚矣——就像买原始股票赚大钱一样，在别人失势时伸出援手，在他得势时就能得到丰厚的回报。

16. 其实权力这种东西，得到了反而会给你带来更多的麻烦。一旦你有了权力，必须设法巩固，太多人对你所拥有的权力虎视眈眈。

不仅仅是政治领域内的权力不稳定，在任何领域都是如此。在这些领域中，人们往往以为有了权力就可以为所欲为，尽情享受权利带来的一切。人们想像中的大金融家，都是住华丽的别墅，在豪华的游艇上度长假，拥有数名年轻貌美的情人，只需向忠实的秘书下简单的命令就完事。人们往往将电影明星的生活想像为应接不暇的宴会，接二连三的风流韵事，并对此深信不疑。

但是不要忘记，一旦你拥有了权力，你就要花费大量时间去经营你的权力，不断地巩固它，防备别人从你手上把它夺走。你根本没时间去做自己想做的事。无论是大金融家或大企业家，天天都要忙着工作，大多没有时间度长假，因为他们不能放心地将风险大的问题交给别人处理。著名的电影明星也必须不断克服各种障碍，力求在表演上突破自己，还要不断的参加一些无意义的应酬，以保持自己的曝光率。作家则必须埋首于自己的创作，他们往往饱受灵感枯竭的折磨。所有这些工作没有尽头，并不会在傍晚或周末就结束。

17. 每个人都会感觉自己的钱不够花，在计划的时候总是有捉襟见肘的感觉，往往做了这件事就不能再做另一件。大家都以为，只要我们的收入增多一些，我们所有的忧虑就都能够迎刃而解，其实这是一个普遍存在的错误观点。

艾尔西·史泰普来顿曾经担任华纳莫克和吉姆贝尔百货公司的财务

顾问。他以为，对大部分人来说，增加收入只能造成花费的增加，你的欲望永远比收入增加来得迅速。如果你不加以控制，你的钱永远也不会够花。

无目的的花费，就等于让每个人——包括百货商场、餐厅和娱乐场所都来分享你的收入。往往当你意识到该控制一下的时候，你的钱袋已经空了。只有有计划的花费，才能够保证你和你的家人可以从你的收入里得到公平的分享。

18. 世界上最大的悲剧和不幸，就是一个人大言不惭地说："没人给过我任何东西。"我们每个人都应该明白，生命的整体是相互依存的，世界上每一样东西都依赖其他每一样东西。无论是父母的养育，师长的教诲、配偶的关爱、他人的服务、大自然的慷慨赐予……人自从有了自己的生命起，便沉浸在恩惠的海洋里。一个人真正明白了这个道理，就会感恩大自然的福佑，感恩父母的养育，感恩社会的安定，感恩食之香甜，感恩衣之温暖，感恩花草鱼虫，感恩苦难逆境——就连自己的敌人，也不忘感恩。因为真正促使自己成功，使自己变得机智勇敢，豁达大度的，不是优裕和顺境，而是那些常常可以置自己于死地的打击和挫折。

19. 想要攀上成功之阶，最明智的方法就是选择一件即使酬劳不多，也愿意做下去的工作。当你热爱自己所从事的工作时，金钱就会尾随而至，你也将成为人们竞相聘请的对象，并且获得更丰厚的酬劳。

不要为薪水而工作。工作固然是为了生计，但是比生计更可贵的，就是在工作中充分发掘自己的潜能，发挥自己的才干。如果工作仅仅是为了面包，那么生命的价值也未免太低了。不要麻痹自己，告诉自己工作就是为赚钱——人应该有比薪水更高的目标。

20. 一位老板描述自己心目中的理想员工时说："我们所急需的人才，是有奋斗进取精神，勇于向'不可能完成'的工作挑战的人。"

具有讽刺意味的是，世界上到处都是谨小慎微、满足现状、惧怕未知与挑战的人。而勇于向"不可能完成"的工作挑战的员工，犹如稀有动物一样，始终供不应求，是人才市场上的"抢手货"。

21. 法国哲学家罗西法古说："如果你想得到仇人，就表现得比你的朋友优越吧；如果你想得到朋友，就要让你的朋友表现得比你优越。"

当我们表现得比身边人优越时，他们就会产生一种自卑感，造成羡慕和嫉妒。羡慕和嫉妒是无法得到朋友的。

德国人有一句谚语，大意是这样的："最纯粹的快乐，是我们从那些我们的羡慕者的不幸中所得到的那种恶意的快乐。"或者，换句话说，最纯粹的快乐，是我们从别人的麻烦中所得到的快乐。是的，你的一些同事，从你的麻烦中得到的快乐，极可能比从你的胜利中得到的快乐大得多。

因此，我们对于自己的成就要轻描淡写。我们要谦虚，这样的话，永远会受到别人的欢迎。

22. 一定要当众拥抱敌人，这样才能占据主动地位，"制人而不受制于人"。

因为你公开作秀，不只迷惑了对方，使对方搞不清你对他的态度，也迷惑了第三者，搞不清楚你和对方到底是敌是友，甚至都有误认你们已"化敌为友"的可能。而且，一定要在公开场合唱假戏，并且观众越多越好。如果私下"拥抱"，那不是双方言归于好，就是你向对方投降。"当众"拥抱，表面上不把对方当"敌人"，但私底下怎么想，是不是背后下绊子、捅刀子，谁又知道呢？

23. 有人曾经研究为什么当机会来临时我们总是无法确认，因为<u>机会总是乔装成"问题"的样子</u>。当顾客、同事或者老板交给你某个难题时，也许正为你创造了一个珍贵的机会。对于一个优秀的员工而言，公司的组织机构如何，谁该为这问题负责、谁应该具体完成这一任务，都不是最重要的，在他心目中惟一的想法就是如何将问题解决。

　　对分外的工作表示不情愿或是唠唠叨叨地抱怨不停，是走向成功的拦路虎。遇到额外的工作，何不心平气和、爽快地接受呢？有时承担大家都不愿意去做的事，反而是很好的出人头地的机会。如果你惟恐吃亏而和其他人一样推辞掉，就等于把机会往外推。如果你明知道不属于自己的工作范围也义无反顾地承担下来，不论是对自己或是对同事、老板而言，都是一种最好的结果。

24. 拿破仑·希尔曾经说过，<u>自动自发是一种极为难得的美德</u>，它能驱使一个人在不被吩咐应该做什么事之前，就能主动地去做应该做的事。并且说："上帝给予人最好的奖励，就是赐予他自动自发地做事的品格。"老板不在身边，却更加卖力工作的人，将会获得更多奖赏。如果只有在别人注意时才有好的表现，那么你就永远无法达到成功的顶峰。

　　最严格的表现标准应该是自己设定的，而不是由别人要求的。如果你对自己的期望比老板对你的期望更高，那么你就无须担心会失去工作。同样，如果你能达到自己设定的最高标准，那么升迁晋级也将指日可待。

25. 工作本身就意味着责任。在这个世界上，没有不需要承担责任的工作。相反，你的职位越高，<u>权力越大，你肩负的责任就越重</u>。不要害怕承担责任，要立下决心，你一定可以承担任何正常职业生涯中的责任，你一定可以比前人完成得更出色。

26. <u>愚蠢的人都很固执，固执的人都是愚蠢的人</u>。这样的人会坚持自己错误的观点。其实，即使你真的是正确的，也不妨作一些让步。你的正确是无法掩盖的，人们最终会承认你，并且会称赞你的大度。

你固执已见所坚持的是无理而不是真理。有的人脑袋像铁一样顽固，倔强得不可救药。固执的人如果还想入非非，那就是愚蠢透顶了。意志要坚定，但作判断时却不要如此。

27. 1863 年，普鲁士只是松散的德意志联邦中的一个城邦，而德意志联邦本身就受制于奥地利。俾斯麦就任普鲁士首相后不久，就开始实施统一德国的计划，以此摆脱奥地利的制约。他首先向弱小的丹麦宣战，收回本属于普鲁士的荷尔斯坦。在战局确定后，他毫不畏缩地发动了对奥地利的战争，并取得了胜利。其他人都想乘胜追击，进军维也纳，然而俾斯麦却主张和奥地利签署和约。在他的强烈要求下，主战派终于退让了。普鲁士成了德意志的主宰，俾斯麦也成为新德意志同盟的盟主。

达到了自己的目标，俾斯麦就不再发动战争了。他头脑清醒，知道适可而止的道理。他紧紧地控制着权力，阻止了其他人发动新的战争。

大多数人不懂得适可而止的原因其实很简单：他们没有一个具体的目标。面对胜利的诱惑不能控制自己、在胜利中只知一味前进的人，迟早要走向衰亡。明慎的人常常能够统揽全局，事情一开始，他们就看到了结局。

明智的人信奉这样一句话：在事物抛弃你之前先抛弃它们。不要等到千夫所指的时候，才想到退让。<u>明智的人知道什么时候该让一匹赛马退役，他们不会让它在比赛中倒下，成为众人的笑柄；他们会在美人红颜逝去前，把镜子摔掉。</u>

28. 恺撒永远让自己处于正中央的位置，不论何时何地。他是权力的象征和典范，士兵都会以他为榜样。在罗马所有的军团中，恺撒的军队永远是最奋不顾身而且忠心耿耿的，他的士兵以及参加过他举办的盛会的平民百姓，都认同他的主张，对他个人的崇拜更是达到了痴迷的地步。

有的人尽管优秀，但总难以出人头地，因为他不能获得别人的关注。成功在一定程度上需要得到别人的认可。所以，<u>应该在适当的时候表现自己，让别人的眼睛注意到你</u>。方法有很多，不管采用哪一种，只要能获得他人的注意力就是绝好的方法。

29. 1825年，沙皇尼古拉一世平定了一场叛乱，将其中一名叛乱领袖李列耶夫判处死刑。行刑的那一天，李列耶夫绞架的绳索莫名其妙地断了。在那个时候，这样的情况按惯例被认为是天意赦免。李列耶夫站起身来，确信自己安全了，就喊道："俄国人连制造绳索也不会，还能做什么大事呢？"

尼古拉一世本来已经签署了赦免令，但听到他说的这些话就改变了决定。沙皇说："让我们用事实来证明一切吧。"于是他收回了赦免令。第二天，李列耶夫再度被推上绞刑架，这一次绳索没有断。

一定要控制说话的冲动。说出去的话就是泼出去的水，话一旦说出口就无法收回。时刻控制自己的言语，讥讽别人的话千万不要说，否则，付出的代价会远远超过得到的满足。

因此，你应该明白，如果想用语言慑服别人，<u>说得越多，就越显得平庸</u>，越不能掌控大局。

而你说得越多，就越有可能说出令你后悔的蠢话。

30. 《塔木德》说："众人着衣时莫要裸身，众人裸身时莫要着衣；众人就座时莫要站立，众人站立时莫要坐下；众人哭时莫要笑，众人笑时莫要哭。"犹太人懂得，在生活中"入乡随俗"是非常必要的。<u>太惹眼的目标总会成为众矢之的</u>。如果你穿着与对方同样的服装，表现出与对方类似的举止，就会让对方觉得你和他的思想与地位是相似的，对方也就会对你产生好感。

31. 如果你想幸福，有一件非常简单的事你能做：那就是与那些不如你的人、比你更穷、房子更小、车子更破的人相比，你的幸福感就会增加。可问题是，许多人总是做相反的事，他们老在与比他们强的比，这会生出很大的挫折感，会出现焦虑，觉得自己不幸福。

科内尔大学的教授罗伯特·弗兰克说，当被问到你是愿意自己挣15万美元，其他人挣20万，还是愿意你自己挣10万美元而别人只挣8.5万美元时，大部分的美国人选择后者，他们<u>宁愿自己少挣，别人不要超过他，也不愿意自己多挣别人也多挣</u>。弗兰克曾写过一篇论文《多花少存：为什么生活在富裕的社会里却让我们感到更贫穷》，他在这篇论文里写道："就说住房吧，一个人到底需要多大的住房？那要取决于他周围的人拥有多大的住房，如果邻居的住房小，他也不需要太大的住房，如果人家有一所大住房，那么他就需要一所更大的住房，无论他是否真的需要。"

32. 有个人养了一只狗和一只猫当宠物，每当他喂小狗的时候，小狗心里就想："主人这样爱护我，从来没有要我回报，这么一个大慈大悲的人，难道他是一个神仙吗？"可是当他喂小猫的时候，小猫心里也在想："这个人每天都给我美味的食物，对我百般殷勤，难道我是神明吗？"

所谓<u>一样米养百种人</u>，同样的对待，猫和狗的想法却有这么大的悬殊，可见，世上的是非、善恶、好坏，看法各不相同。

33. <u>拥有积极心态的人，能够促使美好的事物发生</u>。他们努力改善生活，增进技术，制造工作机会，协助他人获得成功。他们很容易与人和睦相处，担任领导角色，生活富裕，是其他人的好榜样。

消极的人则认为自己是二等公民，他们经常不尊重自己，甚至轻视自己。他们害怕面对每天日常生活的挑战，不愿帮助别人，因为他们认为他们的努力反正没有多大用处。

一个男子可能受到一个女子的吸引，希望和她约会。但他的"心理电视"却告诉他，她长得太漂亮了，他没有福气拥有；她的教育和家庭背景可能比他优秀太多，如果他遭到拒绝，又被他的朋友发现，他就会被朋友笑死。

一个看不起自己的女子可能希望跟一个男子约会，当她打开她的"心理电视"时，她看到令她泄气的心像：女人主动向男人约会，会被人取笑；她并不漂亮，他不会对她产生兴趣的；他担任一个重要的职位，她只不过是个秘书，而且他可能另有心上人了。

34. 在印第安人的学堂里，刊登着许多印第安青年毕业照片，他们的神情与刚刚离开家乡时迥然不同，显得器宇轩昂、才华横溢，看起来能做一番大事业。但是回到部落中后，大部分人变成了原来的样子。这是因为他们失去了能够激励自己的环境，他们的潜能被埋没了。

在你的一生中，无论在何种情形下，你都要不惜一切代价进入能够激发自己潜能的氛围中，努力接近那些了解你、信任你、鼓励你的人。这对你日后的成功具有莫大的影响。

35. 一个穿着得体的人给人的印象就良好，它等于在告诉大家："这是一个重要的人物，聪明、成功、可靠。大家可以尊敬、仰慕、信赖他。"

衣冠不整、蓬头垢面让人联想到失败者的形象。而完美无缺的修饰和宜人的体味，能使你在任何团体中的形象大大提高。有些人从来没有真正养成过一个良好的自我保养的习惯，这可能是由于不修边幅的学生时代留下的后遗症，或者父母的影响不好，或者他们对自己的重视不够造成的。

一个衣冠不整、邋邋遢遢的人和一个装束典雅、整洁利落的人，在其他条件差不多的情况下，同去办一样分量的事情，恐怕前者很可能受到冷落，而后者更容易得到善待。

36. 美国前任国务卿鲍威尔，这样总结他自己的为人处世之道："你不可能同时得到所有人的喜欢。"如果你希望和每一个人都搞好关系，最后你付出了很多时间去给别人帮忙，不欣赏你的人仍旧不欣赏你。一个人只要做到"有几个很好的朋友，很少有人讨厌你"，你的为人处世就算是很成功了。

有这样一些人，你帮了他 10 次，只有一次没帮好，他就记你这一次，最后还是得罪了他。世界上确实有不少这样的人，你越是努力和他结交，努力给他帮忙，他越是不把你放在眼里。反之，如果你认真学习工作，在学习上在工作上做出成绩了，又不狂妄自大，自然能赢得别人的敬重。

37. 伍迪·艾伦曾说过，80%的生活是仅仅在露面而已。布隆伯格非常赞赏这句话。他说："你永远不可能完全控制你身在何处。你不能选择开始事业时的优势，你当然更不能选择你的基因智力水平。但是你却能控制自己工作的勤奋程度，我相信某地有某人可以不努力工作就聪明地取得成功并维持下去，但我从未遇见过他。你工作得越多，你做得就越好，就是这么简单。"

38. 俾斯麦在德国驻俄罗斯大使馆担任秘书时，挣的工资少得可怜，但就在这个时候，他建立了德意志帝国。因为在他做这份工作的时候，他掌握了大量的外交策略和方法，这为他日后的发展奠定了坚实的基础。他非常勤奋、高效地工作，德国对他工作的认可程度比大使本人都高。

如果俾斯麦在工作中只是为了赚钱，那么他可能永远只是个职员，而整个德国又将处于战火纷飞的局面。

我从没见过一个成长得很快的员工，把工资作为自己工作的目标，对他来说，每个月末的工资袋中所装的都远远比工资要多。一个真正的快乐的人，从工作中得到的乐趣并不只是简单地获得工资。

39. 毫不夸张地说，这个世界的幸福或痛苦、开化或无知、文明或野蛮，在很大程度上取决于女人如何在家庭这个特殊王国里行使自己的使命。确实，爱默生曾经说过一句意义深刻的话："衡量社会文明的最佳标准，是优秀的女性的影响力。"有人说，未来取决于睡在母亲怀抱里的孩子，但是婴儿最终成长为什么样子，关键在于他从每一个最有影响力的教育者——母亲那里接受到了什么样的教育和影响。

女人的影响在任何地方都是一样的。在每一个国家中，女性的素养都会影响着这个民族的道德、人格和行为方式。如果一个国家的女人品质恶劣，那么这个社会就没有高贵可言。反之，女人道德纯洁、有教养，那么社会肯定繁荣进步。

本 章 精 义

1. 当众拥抱你的敌人
2. 权力越大,你肩负的责任就越重
3. 说得越多,就越显得平庸
4. 不为卑微的东西祈祷
5. 顺境只能扼杀你的才华
6. 在别人失势时施以援手
7. 不可逢场作戏
8. 连自己的敌人也不忘感恩
9. 让自己的位置不可取代
10. 有两个优点是必不可少的:沉默和优雅的谈吐
11. 马上做出决定,就在现在
12. 你应该有比薪水更高的目标

卷二

懂点心理学

changes your life the secret

1. 人人都相信自己是正确的，因此好辩者的高论等于落入聋者的耳朵。一旦被逼到墙角，喜欢在嘴上逞能的人只会争辩得更厉害，这无异于自掘坟墓。不仅要避免和上司争辩，和其他人说话也要谨慎，学着小心翼翼地以间接方式证明自己想法的正确性。

想要借助争辩证明观点或赢得胜利的危害在于：到最后<u>你永远无法确定与你争辩之人是否受到你的影响，或许表面上他们礼貌地同意你的观点，内心却痛恨你</u>。

2. 天空中满是繁星，却只能有一个太阳，但是，无论怎样，星星绝对不可能压住太阳的光辉。如果你比上司聪慧，就要表现出比他笨的样子，让他看起来比你聪明干练。你可以故作天真，让自己表面上看起来更需要他的经验，有时还可以故意犯<u>一些无足轻重的错误</u>，这样才有机会寻求他赏给你的宽容和袒护。

如果你的点子比上司更富创意，那么就尽可能让大家都知道这些全是上司的主意，而你的建议只不过起了补充的作用；如果你的机智胜过上司，那么就假装自己受到了愚弄，不要和上司相提并论。

<u>所有人都喜欢被辅佐，却不喜欢被人超越</u>。如果你想向某人提出忠告，应该表现出你只是在提醒他，并且那种东西是他本来就知道不过偶然忘掉了，而不是要靠你解释才能明白的东西。

3. 有时候，正义只会让人感到一种压力。在这种压力的驱使下，利欲往往会让人做出背离你愿望的事情。

我们可以认为，正义不一定能取得胜利。当然，在历史上，正义也能成功，但是更多时候下场却很凄惨。当人们都在议论卡斯楚西奥杀死忠心耿耿的老朋友是天大的错误时，卡斯楚西奥却说："不，我处决的不是老朋友，而是一名新敌人。"

因此，要赢得对方的心，最有效的方法就是尽量以最简单的方式，向他阐明你的行动如何让他受惠。自我利益是最强烈的动机，伟大的主张或许会掳获人心，然而一旦最初的激动平息后，利益就成为惟一的旗帜，<u>利益是最稳固的基石</u>。晓之以利能诱惑他人的合作动机，最终促使交易的完成。

4. <u>决定我们一生是否伟大的因素不是我们能做什么，而是我们选择了什么</u>。选择是什么？就是人生的目标，如果我们轻易地抛弃了这个目标，我们就会永远一无所获。

人生的伟大在于懂得选择，并在选择之后绝不放弃。汉代时，有一位看守城门的官员已经70多岁了，仍然担任着一个很低级别的职务。有人问他，你做官几十年为什么没有得到晋升呢？这个老者说，当今皇帝的爷爷在的时候喜欢勇敢善战的人，所以我就下决心去练武艺。等我武艺练好了，当今皇帝的父亲继位了，又喜欢儒雅文士，所以我就又去学习诗书礼乐。等到这方面有所收获时，当今皇帝继位了，我已经成了一个70多岁的老头，所以，没有得到晋升的机会。

5. 我们常说，一个人做事要有底气。这个底气是什么？是自己的独门功夫，是自己对于事情的了解程度，是自己对于事物发展的把握技巧。有底气的人，<u>不管多大的变动，也不会心惊胆战</u>，而是显示出坚持到底的精神和持久力量。

而那些没有底气的人，当发生任何事时便不知如何是好，啰啰嗦嗦辩解着，稍受压力便全盘说出秘密。这种人绝对不能成为值得信赖的人物。

6. 几乎所有的英雄都是为他们的敌人而活着的。独孤求败在雨夜里歇斯底里地狂叫"谁敢杀我！"他的内心因为没有对手而无依无助；当李元霸举锤打天的时候，是多么的痛苦与无奈！

诸葛亮病死之时，司马懿曾感到无比的寂寞。当进攻者失去了对手时，他们的眼中就会失去神采。如果你是一个富有进取心的人，请先确立你的对手。

7. 学过历史的人都知道，因为所记录的人历史地位的不同，其留下的历史亦是各不相同的。举例来说，历史的正史都是以皇帝的更替和大事作为主线的。在《史记》中有"本纪"一项是为帝王而设的，至于王公贵族的传记通常被称为"传"或"列传"，而那些在历史上毫无建树的人在史书上不过是白纸一张。

我们每个人一生就像是在一个时代的舞台中，扮演各种角色，有的人是大角色，有的人是小配角，有的人一生需要大段激扬的对白，而有的人一生在舞台上却没有任何对白，难道我们愿意在人生的舞台上充当"兵士甲"、"匪徒乙"吗？如果你不愿意的话，趁你尚未谢幕之前，思考一下你的角色，准备一下你的台词。

8. 近代日本曾经有一位著名的武士，被称为是打遍天下无敌手，与他格斗的对手无论刀法多么精妙，最终都会死在他的剑下，这是为什么呢？这个秘密后来被跟他几十年的助手一语道破，原来他善于制造自己的优势。

据说，这位武士在接受了对方的挑战之后，总是在格斗的时间过了以后才姗姗来迟，而对手此时已经处在暴躁和愤怒的边缘了，早有心理准备的武士内心却非常冷静和胸有成竹，绝不会受到情绪的影响。更重要的是，一旦格斗开始，这位武士总是大喊一声，先向对方发起进攻，并抢占背光的位置，受到惊吓的对方此时内心已乱，而从逆光的角度去看武士，显得武士更加高大，手中的刀剑也更加闪亮，而几乎就在这同时，武士早已在对手正面耀眼的光圈中展开了自己的绝命刀法，在这种情况下，对手通常在三招之内毙命。

9. 有一位朋友是一个公司负责外联的部门主任。他做事有个秘诀，就是任何时候，他只找能够做出决策的少数人。在他看来，任何事从上向下推广比较容易，而从下向上影响比较难。有一位被北京市评为优秀保险员的女士也发表了同样的看法："我们只找决策人。"这可以说是做事和成功的一个捷径。

春秋战国时期，毛遂一个人仗剑说服了秦王，就制止了一场两国的战争。同样，二战时期，爱因斯坦只与罗斯福共进了一次晚餐，就把世界带进了一个核战争的时代。可见，影响金字塔顶端的少数人是我们改变世界最佳的方式。

10. 几乎所有有过吸毒经历的人，都不是一开始就陷入到毒瘾的陷阱之中的，他们之中绝大多数人，最早都是抱着吸一口看看会怎么样的好奇心去做的。然而，毒品的强烈成瘾性使得他们一次又一次地把握不住自己，最后，导致毒品依赖。然而，一旦形成毒品依赖，就再也没有办法走回头路了。据说，毒瘾的彻底戒除率在全世界还不到1%，也有的人说，迄今为止，正规的临床报告证实，被彻底治愈的毒瘾患者全世界只有28例，但全世界的瘾君子又何止上千万！从这一点来看，人类是多么的软弱和不可救药，而摧毁人类自我克制力的最重要的因素就是诱惑。

任何一项罪恶的行动，都来自于我们对诱惑的一次小小让步；任何一项重大的计划，它的失败都来自于我们对自我的一次小小的放纵。在人生的河流上，我们的意志就像逆水行舟的大橹，只要一旦停止，就会被社会的洪流冲垮，所以，你切不可以放纵自己的一次小小的错误。

11. 鸟儿吃虫子，虫子吃树叶，这才是自然界的基本规律。我们都习惯于在生活中寻求公道和正义，一旦感到失去了公正就会愤怒、忧虑或者失望。然而，寻求公道同寻求长生不老一样不会有任何结果。<u>我们周围的世界本身就不是一个公平的世界</u>。知更鸟吃虫子，对于虫子来说是不公正的；蜘蛛吃苍蝇，对于苍蝇来说也是不公正的。美洲狮吃小狼，小狼吃野猫，野猫吃老鼠，老鼠吃蟑螂，蟑螂……只要环顾一下大自然，就不难看出世界上没有任何公道可言。龙卷风、洪水、海啸和干旱都是不公道的。实际上，这种公道的概念不过是海市蜃楼罢了。整个世界以及世界上的每个人都处在不公道之中。你可以高兴，或者不高兴，然而，这与你周围的不公道现象依然毫无关系。

所以，追求绝对公平不仅不可能，而且还会掉入某种陷阱之中，使我们不能自拔。

12. 放弃了才能再做新的，才有机会获得成功。这样的放弃其实是为了得到，是在放弃中开始新一轮的进取，绝不是低层次的三心二意。拿得起，也要放得下；反过来，放得下，才能拿得起。荒漠中的行者知道什么情况下必须扔掉过重的行囊，以减轻负担、保存体力。为努力走出困境，该扔的就得扔，<u>生存都不能保证的坚持是没有意义的</u>。

如果知道自己摸到的是一手臭牌，就不要再希望这一盘是赢家；在陷进泥潭时，要知道及时爬出来远远地离开那里。

13. 在马德里的监狱里，塞万提斯写成了著名的《唐吉·诃德》，那时他穷困潦倒，甚至连稿纸也无力购买，把小块的皮革当作纸写。

有人劝一位富裕的西班牙人来资助他，可是那位富翁答道："上帝禁止我去接济他的生活，惟因他的贫穷才使世界富有。"

14. 要想获得快乐的人生，你最好不要像过去那样行色匆匆，不妨停下脚步，暂时休息一会儿，想一想自己需要什么，需要多少。想一想有没有这样的情况：有些东西明明是需要的，你却误以为自己不需要；有些东西明明不需要，你却误以为自己需要；有些东西明明需要得不多，你却误以为需要很多；有些东西明明需要很多，你却误以为不怎么需要……

15. "撇开道德的标准，谎言就是一种智慧。"的确，说谎也是一种技巧。但美丽的谎言出于善良和真诚，它无悖于道德。善意的谎言不是以利己为目的，这种时候说出的谎言，包含真诚，散发出温暖的光辉，能让说谎者与被"骗"者共享欢愉。说实话有时比说谎言更伤人，我们要<u>学会在适当的时候说些谎言</u>。很多时候，真诚的谎言比什么都有力量。

16. 虚荣的心灵表现为一种过度的敏感，总在一种奇冷奇热的心温中奔忙着生活。这种敏感有时是对"面子"的呵护，有时是对"形象"的包装，有时是对一种身份或结论的苦恼捍卫。绝不希望被他人看穿实质或生活触到痛处，因此总是不遗余力地遮挡、装饰、修整、解释、托辞……生活对于虚荣者，不是一个"累"字可以概括的，还有那种燥热、那种不安、那种在脆弱的现实面前心灵所体验到的空虚。

实质上，虚荣就是一种幼稚的心性，它体现为一种回避，实属掩耳盗铃的荒唐以及皇帝新装式的"热闹"。

17. 晋时阮籍邻居家有一个少妇，美艳惊人，是一家酒馆的女管家，常在酒垆旁卖酒。阮籍与朋友一有空就上她那儿饮酒，喝醉了就睡在少妇身边。少妇的丈夫开始怀疑阮籍有什么歪心思，仔细观察一段时间后，见阮籍并没有恶意，也就放心了。阮籍村里一位才貌双全的姑娘，可惜还没出嫁就死了,他与她既不是亲属又没有交往,但觉得心里很难过,就到她家去痛哭一场才离开。

在现实生活中,我们在很多情况下则不能真实地表现自我。见到势利小人很少有人公开表示轻蔑,大多数情况下还得面带微笑地和他敷衍;许多事情实在令人讨厌,但谁也不会拂袖而去,还得耐着性子把它干完;自己平时的沮丧失望情绪,很少在脸上表露出来,在人前人后总要装出一副自信抖擞的样子;即使是在自己丈夫(或妻子)、情人面前,也免不了要说违心的话、表违心的态、干违心的事。这是文明的成果,更是人性的悲哀。

18. **有距离才有吸引**,心灵才能保持独有的空间,这是对友谊的尊重和理解。这种尊重和理解以人格的独立为前提,因此交往中的任何一方都不能过分信赖对方对你的理解程度,不要毫无顾忌地裸露自己的心灵秘密。友情需要含蓄,需要保持一分意味深长的朦胧,尤其是异性朋友之间更不应该"完全透明"。

人是奇怪的动物,未靠近时总想靠近,未得到时总想得到。而当他真正得到或靠近时,却又很快就感觉索然无味。友情与爱情在这一点上极其相似,距离远了,感觉不知心为谁属,距离近了又容易因一件小事而闹得分道扬镳。只有做到不近不远既能相互照应,彼此又保持独立的心灵空间,这当为最佳状态。

19. 明代有个叫王廷相的文官,有一次早晨上朝,因昨夜一场大雨,路上积满雨水,而其中有一个为他抬轿的轿夫却偏偏在这天冒昧穿了一双新鞋,因为是新鞋,所以轿夫走起路来就格外注意,努力坚持着,不让新鞋沾上泥水。可走着走着,一不小心,就踏进一处水洼里,结果弄得一双新鞋,里里外外满是泥水。此后这个轿夫就走得毫无顾忌了,因为他想:反正鞋已经湿了,再没有挑挑捡捡的必要……民间将这种心态叫一不做二不休，也就是"破罐破摔"。

所以说，"第一次"非常重要。

世间有些事情是不可以"试验"的，是不可以尝试"第一次"的。比如吸毒，那"第一次"就是你走向深渊的开始，也是你为人尊严的结束。我们说要坚持抵御诱惑，就是在将要发生"第一次"的前夕，你怎样坚持着千万别跨过那道通往地狱的门槛儿，这不仅仅是意志的考验，也是一个人理性深度的标志。

20. 一个人的身份地位决定了一个人的行事风格。如果你是下属，那么即便你有天大的才能，即便你的上司是个白痴，你也不能自作主张，替他做决定。要知道他才是公司的最高决策者，你充其量只有提提建议的资格，你替他做决定，就等于无视他的存在，不把他放在眼里。如此，他怎么能够容忍？怎么会给你好果子吃？

21. 从根本上说，社会是消弭个性的。试想，我行我素，率性潇洒，人家怎么会痛快呢？对你的亲人、朋友或那些较宽容的人来说，也许他们还能接受你的这种个性和行为，但是对社会大众来说，你无疑是触犯众怒了。

在人群中过分张扬个性，等于你把自己暴露在众目睽睽之下，赤裸裸地毫无遮掩，这无异于把肉放在砧板上，让人家想怎么剁，就怎么剁，这不是愚蠢至极吗？

22. 假如你想说服别人，让他有所行动，就必须让他了解你的主张到底能带给他什么利益。你应该告诉他，这个主张和你没有关联，而是与他息息相关，它能够直接或间接地带来某些利益，或者是替他解决某些问题。不这样做，便很难诱发别人对你的主张采取任何行动。

被认为最懂得说服别人技巧的曾任美国总统的亚伯拉罕·林肯，在一百年前就曾经说过："当我和别人谈判时，我用2/3的时间考虑对方的主张，以及他可能将要提出来反驳我的理由，剩下的1/3的时间，才考虑自己的主张。"

<u>任何人都最关心自己的利益</u>。所以，你要多多地考虑对方立场，把问题的焦点放在"对方的利益"上。否则，纵使你懂得许多说服别人的技巧，你也不可能奏效。

23. 你要测量交情么？这里有个建议，你的经济情况，势必为朋友所洞察，你可利用某种时机，比方物质挫折落差极大的时候，向你的朋友说明，由于一时失策，损失重大，虽多方调度，一时虽不至搁浅，而危机日深，已难挽救，希望他们予以援助。

这个难题，相信必有许多人认为你大势已去，不愿再与你周旋；必有许多人，推诿力量太薄，心余力绌；必有许多人口头表示，愿意量力帮忙，接着便是诉苦；必有许多人专事责备，不肯相助；只有极少数的人，才肯出力营救，绝不犹豫，至少你可以把你所有的朋友，分成五等。交情真假，昭然毕露，交情深浅，也很明白地摆在你面前。

<u>谈风月是分不出交情的；酒肉之交，也是分不出交情的</u>。要触及比较严重的利害问题，交情才立见分晓，应当根据利害关系，想出测量交情的办法。本文所述，不过是一个例子罢了。不信任朋友，不会有真朋友。一味信任朋友，以为我待某甲甚厚，他们必不相负，结果往往使你失望。交所非人，而妄许为知己，倾心相结，确为狡猾者所窃笑！

24. 平时礼尚往来，酒肉应酬，相见欢然，你所有的朋友，彼此都是相同的。当你得意的时候，宾客盈门，车马载途，便认为"四海之内皆兄弟也"。一朝失势，困难迭至，以前所谓好友，还有几个理会？几个替你出力？还有几个施之援手？有的落井下石，有的乘机渔利，有的冷嘲

热讽，有的反目若不相识，这个时候，谁是你的酒肉朋友，谁是你的势利朋友，经历了现实的考验，便能分得清清楚楚。

朋友结合，都有不可告人的私心，始终不渝的知己朋友，原是没有几人。古人说："得一知己，可以死而无憾。"知己朋友的难得，自古已然，于今尤烈。

25. 平时不烧香，临时抱佛脚，菩萨虽灵，也不会来帮助你的，因为你平时目中没有菩萨，有事才去找，菩萨哪肯做你的利用工具！所以，你请菩萨，应该在平时多烧香。平时烧香，表明你别无需求，不但目中有菩萨，心中也有菩萨，你烧的香，完全出于敬意，而绝不是买卖，一旦有事，你去求他，他对你有情，自肯帮忙。

但是你要烧香，应该去不大有人注意的冷庙，不要去香火盛的热庙。热庙因为烧香人太多，菩萨注意力分散，你去烧香，也不过是香客之一，显不出你的诚意，引不起菩萨特别注意，也就是菩萨对你不会产生特别的好感。一旦有事，你去求他，他也以众人相待，不会特别帮忙。

冷庙的菩萨就不然了，平时冷庙门庭冷落，无人礼敬，你却很虔诚地去烧香，菩萨对你，当然特别注意，认为你是他的知己，感情之好，自不待言。你虽同样地烧一柱香，菩萨却认为是天大的人情，一旦有事，你去求他，他自然特别帮忙。即使将来风水转变，冷庙变成热庙，菩萨对你，还是会特别看待，认为你不是势利之辈，菩萨如此，人情未尝不然。

26. 爱默生说："优美的身姿胜过美丽的容貌，而优雅的举止又胜过优美的身姿。"优雅的举止是最好的艺术，它比任何绘画和雕塑作品更让人心旷神怡。

优雅的行为举止被认为是那些出身高贵的人所特有的风度。这种说法有一定的道理，因为上层人士的子女从小就生活在一个比较好的文明环境，饱受熏陶。但这并不能成为那些下层的人们举止粗鲁的理由。

　　穷苦人更应该和那些上层人士一样，懂得互相尊重。无论是在田间还是在家里，他们都要意识到，优雅的行为举止会带给他们无穷的快乐，即便是一名工人也能通过自己坚持不懈的努力，以自己文明优雅、亲切友善的行为来感染他人。本杰明·富兰克林就是一个典型的例子。他还是一名工人的时候就以自己的高雅行为改变了整个车间的工作气氛。

　　<u>即使你身无分文，只要温文尔雅，总能让人欢快、愉悦。</u>

27. 法国总统戴高乐说过一句发人深省的话："仆人眼里无伟人。"正因如此，他把保持"神秘感"作为自己担当领袖必须遵循的一个信条，而且竭尽全力地做到这一点。

　　事实上，假如一个人被人一眼就能看穿，不仅难以受到别人的尊重，而且还会因此使别人更加小心防范，甚至陷自己于危险的境地。

　　<u>自己的秘密不要轻易示人</u>，守住自己的秘密是对自己的一种尊重，是对自己负责的一种行为。

　　罗曼·罗兰说："每个人的心底，都有一座埋藏记忆的小岛，永不向人打开。"马克·吐温说："每个人像一轮明月，他呈现光明的一面，但另有黑暗的一面从来不会给别人看到。"

28. 美国著名作家赛瓦里德说："当我放弃我的工作而打算写一本25万字的书时，我从不让自己过多地考虑整个写作计划涉及的繁重劳动和巨大牺牲。我想的只是下一段，不是下一页，更不是下一章如何去写。整整6个月，我除了一段一段地开始外，我没想过其他方法。结果书自然写成了。"

　　"循序渐进"的原则对赛瓦里德起了重要的作用，对你也会一样。

　　<u>获取任何成功，都不是一蹴而就的事</u>，都需要采取循序渐进的方法。许多人做事之所以会半途而废，并不是因为困难大，而是与成大事者跨

度较远，正是这种心理上的因素导致了失败。

29. 法国有一本名叫《小政治家必备》的书。书中教导那些有心在仕途上有所作为的人，必须起码搜集 20 个将来最有可能做总理的人的资料，并把它背得烂熟，然后有规律地、按时去拜访这些人，和他们保持较好的关系。这样，一旦这些人之中有人当了总理，自然就容易记起你来，大有可能请你担任一个部长的职位了。

这种手法看起来不大高明，但是非常合乎现实。一位政治家在回忆录中提到：一位被委任组阁的人受命伊始，心情很是焦虑。因为一个政府的内阁起码有七八位部长，如何去物色合适的人选？这的确是一件难事，因为被选的人除了要有适当的才能、经验之外，最要紧的一点，就是"和自己有些交情"。

<u>和别人有交情才容易得人赏识，不然的话，任你有登天的本事，别人也不知道。</u>

30. 塞万提斯说："取道于'等一会儿'之街，人将走入'永不'之室！"这真是一句至理名言。

拖延往往会生出一些悲惨的结局。一个人身体不好，应该就医，而拖延着不去就医，以致病情严重，或竟不治；凯撒在接到密报之后，没有立刻展读，结果一到议会就丧失了生命；拉尔上校正在玩纸牌，忽然有人递了一份报告说，华盛顿的军队已经进展到德拉瓦尔了。但他只是将来件塞入衣袋中，等到牌局完毕，他才展开那份报告，待到他调集部下出发应战，时间已经太迟了。结果全军被俘，而自己也因此战死。仅仅是几分钟的延迟，就使他丧失了尊荣、自由与生命！<u>习惯中最为有害的，莫过于拖延</u>，世间有许多人都是为这种习惯所伤害，以致造成悲剧。

31. 多年之前，一位一文不名的哲学家，流浪至一处贫瘠的村庄，那里的人们过着艰苦的生活。一天，村里的人与哲学家一起在山顶聚会。聚会上，哲学家说出了影响了无数人的名言，这段名言仅有30个字，却世世代代流传了下来。它就是："不要为明天而忧虑，因为明天自有明天的烦恼，今天的难处今天承受就够了。"

很多人不认同这句话，他们认为这是句多余的忠告，并认定它来自东方的神秘哲学，始终不能理解它的含义。他们说："我当然要为明天担忧，我得为我的家庭投注一份保险；我得把钱存起来，不然我老了用什么呢？我一定得为将来做准备。"不错，<u>你该为自己的明天着想，你的确需要谨慎地思考、计划和准备，但是，不要担忧</u>。

32. 有一则笑话，说的是一场多边国际贸易洽谈会正在一艘游船上进行，突然发生了意外的事故，游船开始下沉。船长命令大副紧急安排各国谈判代表穿上救生衣离船，可是大副的劝说失败了。船长只得亲自出马，他很快就让各国的商人都弃船而去。大副惊诧不已。船长解释说："劝说其实很简单。我对英国人说，跳水是有益健康的运动；对意大利人说，不那样做是被禁止的；对德国人说，那是命令；对法国人说，那样做很时髦；对俄罗斯人说，那是革命；对美国人说，我已经给他上了保险；对中国人说，你看大家都跳水了。"

这个笑话可能有些夸张，但从中可以看出各国文化的差异，中国人虽然灵活，但是比较喜欢盲从，不能坚持自己的原则。

33. 虽然漂亮的女孩招人喜欢，但真正有理性的人不会因为她漂亮就跟她结婚。开始时，大家都会被女孩的漂亮吸引，经过接触后，如果发现她缺少内涵，就会离她而去。同样，女孩子也不会喜欢没有修养、没有深度、空有外壳的男性。

优美的体形、美丽的脸庞代表着身体健康，但如果娶了一个外表漂亮，却没有高尚的情操、温和的脾气以及良好的修养的妻子，那就是非常可悲的事情了，后果不堪设想。

女孩的智力非常重要，就像妻子的身材会影响到后代一样，妻子的智力也会直接影响到孩子的智力，因此，<u>千万不要娶侏儒或傻瓜</u>。

本章精义

1. 永远不要与人争辩
2. 所有人都喜欢被辅佐,不喜欢被超越
3. 只找决策人
4. 不可有一次小小的放纵
5. 任何人都关心自己的利益
6. 自己的秘密绝不轻示于人
7. 伟大的主张或许会掳获人心,然而一旦最初的激动平息后,利益就成为惟一的旗帜
8. 你可以身无分文,但要温文尔雅
9. 要烧香,不要去香火盛的热庙
10. 有距离才有吸引

卷三

时刻与强者为伍
changes your life the secret

1. 与那些有理想、有抱负、有工作热情的同事交朋友，而不是与那些只知混日子的庸俗之辈为伍。

"物以类聚，人以群分"，人们往往会根据一个人交往的朋友来判断他本人的性质与特点。

领导判断下属时，当然也会受到这种思想左右。

<u>你务必让领导看到，你所喜欢交往的人都是有远大理想的人</u>。通过这一点，可以相应提高你的身份。

当然，与那些有远大理想的同事交朋友的同时，也要与其他同事保持比较友好的关系。要知道，他们虽然不可能对你有什么帮助，却极有可能对你造成某些危害。

2. 如果你一手策划告发上司的行动失败，届时要办理移交、卷铺盖走人的就变成你了。再说，假如你的计划成功，顺利逼走了上司，那么，从此以后，你在公司同仁眼中就变成了一位职业杀手，大家都对你敬鬼神而远之，没有人敢与你交往，也没有一位上司愿意接纳你。

"不要打倒国王，因为你打不倒他。"在公司中也是这样。如果策动逼迫上司离职，结果赶不走上司，反而会危及自身。即使你的计划成功，新任的上司很快就风闻你"辉煌的历史"，处处对你充满戒心，不敢委以大任，那就得不偿失了。

3. "上帝要毁灭一个人，必先使他疯狂。"失去自制就将毁灭。

自制是一个人一生中最难得的美德，它是一个人成功道路上的平衡器。自制体现了人类的勇气，是人类所有高尚品格的精髓。不能进行自我控制，就不会有真正的人，也就不会有成功的人。所以，一切美德的根本体现就是人的自制，它是取得事业成功的前提。

<u>凡事以愤怒开始，必以耻辱告终</u>。一旦你失去自制，另一个人——不管是一名目不识丁的管理员，还是有教养的绅士，都能轻易地将你打败。

4. 机会确实无处不在，但机会只会提供给那些手中有余钱或是已养成节俭储蓄习惯、懂得运用金钱的人。因为他们在养成节俭习惯的同时，还培养了其他一些良好的品德。节俭是一个人一生中用不完的财富，它往往是衡量一个人智慧高低的尺度。而能否做到节俭，在很大程度上与你是否有能力合理支配金钱有关。

如果你没有钱，而且尚未养成节俭的习惯，那么，你永远无法使自己获得任何成功的机会。

拿破仑·希尔指出，<u>光是贫穷本身就足以毁掉进取心，破坏自信心，毁掉希望</u>。如果再在贫穷之上加上债务，那么，你就会成为这两位残酷无情的监工的奴隶，必失败无疑。

5. 只要头上顶着沉重的债务，任何人都无法把事情办得完美，任何人都无法受到尊重，任何人都不能创造或实现生命中任何明确目标。这看来可能是悲哀而残酷的，但却是一个不折不扣的"事实"。在今天的世界里，正有数以万计的人，因为忽略了养成节俭的习惯，以至于终生要劳苦工作。

金融巨头摩根对此直言，他宁愿贷款 100 万美元给一个品德良好且已养成节俭习惯的人，也不愿贷 1000 美元给一个品德不端、只知花钱的人。

6. 人生在世，最要紧的不是你所处的位置，而是你努力的方向。何时、何地以何种方式开始你的一生，这是无法选择的。但是人虽一生下来就处于一种身不由己的客观环境中，但随着年龄的增长，通过你主观的努力，你的选择会越来越多，你的贫穷境况也逐渐改善。

贫穷能激发人们潜伏的力量。没有如针毡般的贫穷刺激，这股力量也许永远不会爆发出来。

试想，林肯如果生长在一个富裕的家庭里，进过大学，也许，他永远不会成为总统。只因他和贫困对抗着，潜力迸发了出来，才使他成长为一代伟人。

所以，假如你的生活是从穷苦中起步的，千万不要怨天尤人，不要甘愿做穷苦的奴隶，不要让自己的一切行动为穷苦制约，更不要妒嫉那些有钱有势，不需自谋生计的人们。只要你具有强大的自信和勇气，你就会获得超过金钱千百倍的力量，走出穷苦的樊笼，立身社会。

7. 犹豫不决对一个人的伤害是不容忽视的，它会影响到你人格的建立。不仅使你的勇气消失，意志削弱，还会破坏你的自信力和判断力，破坏你的理智的效能，以及你一生的机遇。

生活中有很多人虽具有巨大的才干，高尚的品德，但由于被犹豫不决所束缚，却很难为他人所信赖，很难获得别人的尊重，最终一事无成。

生活就好像一盘棋赛，坐在你对面的就是时间，只要你犹豫不决，你将被淘汰出局。如果你果断地前进，你就有获胜的可能。

所以，在现实生活中，犹豫不决的人可以说是世界上最最可怜的人，也是最容易被失败俘虏的人。"犹豫群体"就像一只只乱调头的小船，盲目漂流在狂风暴雨的海面上，永远难以抵达成功的彼岸。

8. 在你看来，生活的真正目的，不过是保持熟悉的一切，能够知道自己在向哪里去，达到目的之后会有什么结果。只有那些"莽撞之辈"才

会冒险，去探索生活的未知方面，而且当他们探索之后，结果往往大吃一惊，深感失望，甚至惊慌失措。

所以，你嘲笑、讥讽"莽撞者"，打心底里觉得他们傻，觉得还是选择避免未知来得聪明。

这样，你将永不会像"莽撞者"那样，落得个可悲可怜而又可笑的下场。

其实，你苦苦追求的这种所谓的安全感，是非常荒谬的，没有丝毫价值。

安全感意味着你已知将要发生的事情；意味着没有激情、没有风险、没有异议；意味着没有发展，而不发展则意味着死亡。

实际情况是只要你生活在地球上，只要社会不改变，你就永远不会得到安全。真正的安全感是为死尸准备的。

9. 亚历山大在攻城取得胜利后，有下属问他，是否等待机会来到，再去进攻另一个城市。亚历山大听了这话，大发雷霆："你认为机会什么时候会来到？机会是我们自己创造出来的。"

任何一个良好的机会，都在于自己去创造，如果你真的相信良好机会在别的地方等着你，或者会自动找上门来，那么，你无疑是天下第一号傻瓜。所以，永远不要让"没有机会"这种可怜的想法占据你的头脑，永远不要奢望"机会"会在你的等待中来临。

10. 当一个人身体或心灵受到痛苦的折磨，特别沮丧的时候，便常常会变得意志不坚定，成为沮丧情感的奴隶，一切行动，都会被沮丧情感所左右。这时候，你将很难有精辟、正确的见解，更不会有正确的判断。

所以，在悲观沮丧的时候，你千万不要做出任何一件有关自己一生命运的决定。否则，你的决定极有可能贻误你的终生。

11. <u>供给你金钱，让你依靠的人，并不是你的好朋友</u>。惟有鼓励你独立的人，才是你真正的好朋友。"依赖他人"，犹如伊甸园的蛇，总在你准备赤膊努力一番时引诱你。它会对你说："不用了，你根本不需要。看看，这么多的金钱，这么有意思的东西，你享受都来不及呢！"这些话，足以抹杀你前进的雄心和勇气，阻止你利用自身的资本去换取成功的快乐，让你日复一日地踏步，止水一般停滞不前，以至于你到垂暮之年，终日为一生无为悔恨不已。

12. 通过对成功者的研究发现，能够成就大事业的人，并不一定比常人更聪明。他们的秘诀在于，能够清楚地认识自己的长处，进而在追求目标的过程中，充分利用自己有限的智慧和才能。

而绝大多数人，往往没有将自己的才能用在自己最擅长的工作上，反而将才能用错了方向。

这就是他们本可成就斐然，实际上却成绩平平的原因。

<u>撇开了自己最擅长的工作，无异于抛弃了你最重要的竞争优势</u>。将精力投入到自己不擅长的工作上，以自己的短处与别人的长处去竞争，自然不容易打败对手，取得成功。

13. 有一点不妨再重复一遍——其实它应该被反复强调——几乎所有的财富，无论大小，最初都始于储蓄的习惯！

一个人因为缺乏足够的意识，没有养成储蓄的习惯，结果多年来一直无法逃脱辛苦劳作的命运，看到这样的情景真是令人难过。可是今天，在这个世界上，有成千上万人正在过着这样的一种生活。

生命中最伟大的东西就是自由！<u>没有一定程度的经济自立，人们就不可能拥有真正的自由</u>。

被迫停留在某一个地方、长时间地从事某一个自己并不喜欢的职业，终生不得解脱，这是一件多么可怕的事情！在某种程度上，这和被关进监狱没有什么两样，因为个人的行动总是受到限制，没有多大的选择余地。其实，这还不如蹲监狱，蹲监狱的人还可以不用为基本的温饱担忧呢！

要想逃脱这种毕生没有自由的生活煎熬，只有一条出路，那就是养成储蓄的习惯，然后不惜一切代价去保持这样的习惯，除此之外没有更好的出路。

14. 在物质主义大行其道的年代里，一个冷酷无情的事实就是：人无异于一颗小小的沙粒，一有任何风吹草动就会被吹得没有立足之地，除非他背后有金钱的力量充当后盾！

才智会给拥有它的人带来许多回报。但是，只有才智，却没有金钱来给才智提供充分的展示空间，那所谓的"回报"也就不过是一份空架子般的荣誉。

不管一个人拥有多大的能力，或者受过多好的教育，再或是如何的天资聪颖，都不能无视这样一个不争的事实：没有钱的人只能靠有钱人的怜悯度日！

事实让人无法回避，<u>人们很大程度上会用你的银行账户的数字来衡量你的价值，不管你是谁，不管你都能做些什么</u>。大多数人在遇到一个陌生人时，脑子里出现的第一个问题就是"他有多少钱"。如果他有钱，那他就会受到热情的款待，一路上的商机更是挡都挡不住。人们对待他仿佛众星捧月，他是人们心目中的王子，是国人眼中最出色的人。

但是，如果他脚上的鞋跟已经磨平了，身上的衣服皱皱巴巴、领口脏兮兮的，一眼看去就是一个穷困潦倒的人，那他的遭遇将非常悲惨。人们会鄙夷地从他身旁走过，不屑一顾地把嘴里吐出的烟雾喷到他的脸上。

这些话听上去可能让人感觉很不好，但是它们有一个好处：是它让你知道，什么才是最重要的。

15. 《君王论》的作者马雅基维里曾论证过：在严格的军事意义下，建筑堡垒是一项错误。堡垒会变成力量孤立的象征，成为敌人容易攻击的目标。原意设计用来防卫的堡垒，事实上截断了支援，也失去了回旋的余地。堡垒可能固若金汤，然而一旦将自己关在里面，所有的人都会知道你的下落。围城不见得要成功攻破它，就足以将敌人的堡垒转变成监牢。由于空间狭小、隔绝，堡垒更是非常容易受到瘟疫和传染病的侵袭。在战略意义上，孤立的堡垒不但没有防卫功能，事实上还会制造出更多的困难，胜过解决的问题。

人类在本性上是群居的动物，权力必须依赖社会互动与四处周旋，想要让自己有足够的影响力，你必须将自身置于核心地位，也必须注意街上的一切动静。大多数人在受到威胁时才会意识到危险，一旦面临这种情况，他们倾向于隐退，摆出防御的阵势，在深筑高垒中寻找安全感。然而，这么一来，他们就得依赖越来越小的圈子提供资讯，无法清楚地了解四周的动静。不但丧失了机动性，而且更容易成为受攻击的目标，孤立会使得他们产生偏执妄想。如同在战争中以及绝大部分策略游戏中一样：<u>孤立往往是挫败与死亡的前兆</u>。

在环境不确定甚至十分危险的时刻，人们必须战胜想要退缩的欲念，反其道而行，让自己更容易与人交流，寻求旧战友，结交新盟友。逼迫自己打入更多形形色色的圈子里，这是自古以来掌权者的秘诀。

16. 免费的东西可能潜在一定的危险性。通常要不是涉及诡计，就是隐藏着要付出某种义务。

在人性的丛林里，所有事物都必须依据它的代价来裁判，而且一切事物都有价钱。免费供应或者经过打折的东西，往往附随着受恩的复杂情感，或者意味着质量上存在问题。权势在握的人很早就学会保护最宝贵的资产：独立自主与操控空间，他们会付出全额的价钱，让自己免于危险的纠葛以及烦忧。

在金钱上保持开放与灵活弹性，也教导了你策略性慷慨的意义，这是谋略"先予后取"的变形——赠予适当的礼物，能让受者不得不感恩。因为慷慨会使人软化，容易上当受骗。如果你能获得慷慨大方的美誉，你就能赢得人们的敬佩，同时转移他们的注意力，看不见你隐藏在背后的权谋动作。因此，策略性的散财，会令他人倾倒，能结交到许多珍贵的朋友。

看看权力场上的大师们：凯撒大帝、伊丽莎白女王、米开朗基罗以及麦迪西等人物，他们之中没有一个是吝啬鬼。即使是那些出色的骗术家，为了诈骗也往往不惜金钱。

<u>在任何情况下，紧握钱包的人一点也不迷人</u>。掌握权势的人了解，金钱充满灵性，同时也是成功社交的通路，他们让金钱变成自己军械库里的武器。

17. 有所选择的人很难相信自己受到操控或欺瞒。简单点说，<u>如果你可以让鸟自己飞进鸟笼，它会啼叫得更动听。</u>

但是这种选择你要做得很像——很像是他自己做出来的，而不是你在诱导他。这是基辛格最爱用的伎俩。在担任尼克松总统的国务卿时，基辛格认为自己的资讯比上司充足，他认为自己在绝大多数情况下可以做出最佳决策。但是，如果他自作主张制定政策，就会冒犯甚至惹恼这位以缺乏安全感而闻名的总统。

因此，针对每一件需要作出的决策，基辛格会提出三四项选择，但是在表现形式上，他所偏好的，却不是他真正想说的那一个方案。一次又一次，尼克松都上钩了，他从不怀疑自己会受到基辛格的操控。

对付缺乏安全感的上司，粉饰选择不失为一条绝妙的策略。

18. 科里奥拉努斯是古罗马时代一名了不起的英雄，他以"战神"之名闻名于世。在公元前5世纪，他赢得了许多重要的战役，屡次拯救罗马城免遭杀戮。由于他大半光阴消耗在战场上，罗马人很少认识他本人，这使得他成为谜一样的传奇人物。

公元前454年,科里奥拉努斯打算角逐最高层的执政官来拓展自己的名望,从而进入政治界。

竞逐这个职位的候选人必须在选举初期发表公开演说。自然而然地,科里奥拉努斯以自己10多年来为保卫罗马累积下来的无数伤疤作为开场白。虽然市民中很少有人真正去听接下来的长篇演说,但是那些伤疤证明了他的勇猛与爱国情操,令人们感动得热泪盈眶,几乎每个人都认定他会当选。

然而在投票日来临的前夕,科里奥拉努斯由所有元老及城里的贵族陪同进入会议厅。此时此刻,目睹这种排场的普通平民对于他选举前如此大摇大摆的态度开始感到不安。当科里奥拉努斯发言时,内容绝大部分是说给那些陪同他前来的富有市民们听的,他不但傲慢地宣称自己注定会胜利,而且再度吹嘘自己在战场上的功绩。他无理地指责对手,还说了一些讨好贵族的无聊笑话。这一次人们听仔细了,原来这名传奇英雄只不过是个平庸的吹牛大王。

科里奥拉努斯第二次演说的消息迅速传遍了罗马,人们纷纷改变了投票意向。

步入政界之前,战场上树立的丰功伟绩,使科里奥拉努斯之名令人崇敬。人们对他的了解极少,各式各样的传说才附会在他的名下。然而当他在罗马市民面前信口开河时,所有的荣耀和神秘感都消失了,他像一名普通士兵般大言不惭、装腔作势,并且侮辱、诋毁平民。突然之间,他不再是老百姓想像中的样子了,传说与现实之间的差距使得那些想要依赖英雄的人们极度失望。科里奥拉努斯说的越多,就越显得苍白无力。一个人无法控制自己的言辞,说明他缺乏自我控制力,也就根本不值得尊敬。

如果科里奥拉努斯不那么多言,老百姓也就不会受到他的冒犯,也就不会明了他真正的意图。<u>人类的舌头如同一个桀骜不驯的野兽,不断地想要打破牢笼。而一旦冲出牢笼,就会狂奔乱窜,令你后悔莫及。</u>

信口开河的人往往无法令人信任,自然也无法拥有权力。

19. 罗茜读书时网球打得不好,所以老是害怕打输,不敢与人对垒,至今她的网球技术仍然很蹩脚。罗茜有一个同班同学,她的网球比罗茜打得还差,但她不怕被人打下场,越输越打,后来成了令人羡慕的网球手,成了大学网球代表队队员。

聪明是令人羡慕的,出丑总使人感到难堪。但是<u>聪明是无数次出丑中练就的,不敢出丑,就很难聪明起来</u>。

那些勇敢地去干他们想干的事的人们是值得赞赏的,即使有时在众人面前出丑,他们还是洒脱地说:"哦,这没什么!"就是这么一类人,他们还没学会反手球和正手球,就勇敢地走上网球场;他们还没学会基本舞步,就走下舞池寻找舞伴;他们甚至没有学会屈膝或控制滑板,就走上了滑道。

生活中有些人由于不愿成为初学者,就总是拒绝学习新东西。他们因为害怕"出丑",而宁愿放弃自己的机会,限制自己的乐趣,禁锢自己的生活。

20. 在法国路易十四的宫廷里,贵族和大臣总是日夜不休地争论国事。他们不断重复地争辩,不断地循环往复,为的是能推选出各自的代表去晋见国王。有了人选之后,他们还会继续争论应该如何陈述议题,如何打动路易,如何避免惹恼他,应该在什么时间晋见,在凡尔赛宫的哪一个厅晋见,晋见的代表脸上应该挂着什么样的表情。

正式晋见之日,代表们只是喋喋不休地陈述各自的意见,国王则永远只会静静聆听,脸上挂着难以猜测的表情。待双方分别陈述完毕后,国王看着两人不动声色地说:"我会考虑的。"然后就走开了,自此绝不会有任何人能再从他口中得到关于这个议题的任何意见,他们只能在几星期之后见到国王所做的决定和已采取行动的结果。国王在做出最后的决策时是绝对不会再浪费精力去询问他们的意见的。

路易十四是一个非常寡言的人,他最著名的一句话"朕即国家",简洁之至又雄辩滔滔。"我会考虑的",是他用来回答各式各样的请求,简短而有力的答复之一。

其实路易十四并非一直如此,年轻时他以长篇大论、陶醉在自己的雄辩之中而闻名。沉默寡言是他后来自我克制的结果,他常常用此策略令别人惊惶失措。没有人确切地知道他的立场,人们无法预测他的反应,更没有人能以投其所好的话来欺骗他,因为根本没有人知道他喜欢听什么话。在他们面对沉默的国王滔滔不绝地表达自己的想法时,就越来越将自己的底牌显露出来,路易十四将这些底牌紧紧地握在自己手中,需要的时候抽出来狠狠地打击他们。

国王的缄默使周围的人恐慌不已,任他摆布,这正是权力的一项基础。如同圣西蒙所说:"没有人像他一样懂得如何抬高自己,他的言辞、微笑,甚至是一抹眼神,对他人来说都显得如此珍贵无比。"

<u>如果你说的比实际需要的少,必定会令你看起来更有威望</u>。人是追求诠释的机器,都想要知道他人在想什么。如果小心翼翼地控制要吐露的思想,他们就无法洞察你的真实意图,而将自己的弱点暴露在你的面前。

21. 在开罗博物馆,庞大建筑物的第二层楼,大部分存放的都是灿烂夺目的宝藏:黄金、珍贵的珠宝、饰品、大理石容器、象牙与黄金棺木,这些都是从图坦·卡蒙法老墓挖出来的宝藏。巧夺天工的工艺至今仍无人能及。如果不是霍华德·卡特决定再多挖一天,这些不可思议的宝藏也许仍在地下不见天日。

"这将是我们待在山谷中的最后一季,我们已经挖掘了整整6季了,春去秋来毫无所获。我们一鼓作气干了好几个月却没有发现什么,只有挖掘者才能体会到这种彻底的绝望感。我们正准备离开山谷,到别的地方去碰碰运气。然而,要不是我们最后垂死的一锤的努力,我们永远也不会发现,这远远超出我们民族的宝藏。"后来,卡特在自传中这样论述。

<u>我们经常在做了90%的工作后,放弃了最后可以让我们成功的10%</u>

甚至1%。这不但输掉了开始的投资，更丧失了最后的努力而发现宝藏的喜悦。很多时候，人们开始一个新工作，学习新的技艺，然后就在成果出现之前轻易地放弃。

22. 有人曾问一位著名的艺术家，跟随他习画的那个青年，将来会不会成为一个大画家。他回答说："不，永远不！他每个月有6000元的收入。"这位艺术家知道，人的本领是从艰难奋斗中锻炼出来的，而在财富的阳光下，这种精神很难发挥。

不幸而生为富家之子的人，他们的不幸，是因为他们从开始就背负着包袱而赛跑的。

卡耐基说："大多数的富家之子，总是不能抵抗财富所加于他们的试探，因之而陷入让人不屑的生命中。这些人不是那些穷苦的孩子的敌手。对于那些老板，你们当小心着，不要被那些比你们还苦，还苦得多，甚至他们的父母不能给予他们以任何学校教育的孩子，在事业上挑战你们，而最终超越了你们。应该注意那些走出小学，就得投身工作，而所做的又只是拖洗地板之类的工作的孩子……一鸣惊人，而得到最后胜利的，恐怕都是这类人。"

为了脱离贫困的境地而奋斗，这种努力，最能造就人才。假使世人都是一年之中不为需要压迫去做工，人类文明怕直到现在，还在很幼稚的阶段吧。

翻开历史就可知道，在各界中大多数成功的人士，起先往往是贫苦的孩子。

23. 凡高在成为画家之前，曾到一个矿区当牧师。有一次他和工人一起下井，在升降机中，他陷入巨大的恐惧中。颤微微的铁索轧轧作响，箱板在左右摇晃，所有的人都默不作声，任凭这机器把他们运进一个深不见底的黑洞——这是一种地狱的感觉。事后，凡高问一个神态自若的老工人："你们是不是习惯了，不再恐惧了？"这位坐了几十年升降机的老工人答道："不，我们永远不习惯，永远感到害怕，只不过我们学会了克制。"

有些生活，你永远也不会习惯，但只要你活着，这样的日子你还得一天天过下去，所以你就得学会克制，学会忍耐。你不习惯黑夜，但黑夜每天适时而来，你忍耐着，天就亮了；你不习惯寒冷的冬季，但冬天的脚步渐渐逼近，你忍耐着，那春天还会远吗？面对生活，把最坏的都捱过去，剩下的也就是好的日子了。

24. 你有没有想过，你认识的人中有多少人只是在等待？其中很多人不知道等的是什么，但他们在等某些东西。他们隐约觉得，会有什么东西降临，会有什么好运气，或是会有什么机会发生，或是会有某个人帮助他们，这样他们就可以在没受过教育，没有充分的准备和资金的情况下为自己获得一个开端，或是继续前进。

有些人在等着从父亲、富有的叔叔或是某个远亲那里弄到钱。有些人是在等那个被称为"运气"、"发迹"的神秘东西来帮他们一把。

我们从没听说某个习惯等候帮助、等着别人拉扯一把、等着别人的钱财，或是等着运气降临的人能够真正成就大事。

只有抛弃每一根拐杖，破釜沉舟，依靠自己，才能赢得最后的胜利。自立是打开成功之门的钥匙，自立也是力量的源泉。

25. 拿破仑在谈到他部下的一员大将马赛那时说："在平常的时候，他的真面目是不显露出来的，但是在看到自己军士的尸体堆积如山时，他内在的'狮性'突然会发作，他会像魔鬼一般奋起杀敌。"

人类有几种能力、天赋，除非遭遇极大的打击刺激，是永远不会显现出来的，永远不会发现其真正的潜力，它隐伏在生命的最底层，所以普通的刺激不能把它们唤出。但是在被嘲笑、被揶揄、被欺凌、被侮辱的时候，则一种新的力量，会从生命的最内层中迸发出来，成就在平常的情形下绝不能成就的事业来。

艰苦的情形，不利的环境，贫穷及种种的缺陷，都是造就人类中伟人的条件。拿破仑脑筋最镇静、精神最坚强、决策最神异的时候，就是他被困于绝境险地的时候。要引爆一个人内在的"伟大性"的炸药，是需要非常危险的、不测的变故为其导火线的。

一位著名大商人说，他在一生事业中，最得意的每一个胜利都是艰苦奋斗的结果。所以到了现在，对于不费力而得来的胜利，他简直有些害怕。他觉得不需要奋斗而得来的东西，总有些靠不住。克服阻碍及种种缺陷，从奋斗里夺取成功，才可以给人喜悦。困难可以增加他的快乐。他喜欢做困难的事情，因为这些事情能够检验他的真力量、真本领。他不喜欢干容易的事情，因为那不能给他喜悦——一种从激战中得到胜利时所感受到的喜悦。

26. 在两个关系平平甚至素不相识的人之间，礼越厚情越淡，"交易"的意味越浓。

当你无求于对方时，才真正是礼轻情义重。你送给他礼品，仅仅是为了加强与对方的友谊，并没有其他额外的意思。当对方生病时，去安慰关心，当对方有喜事时去祝贺，这时你送的礼品虽小，对方也会很高兴地接受。你送的礼轻又无事相求，对方收你的礼时也会轻松一些。

送礼物，如果是送给多个人，应该分开送，一个人一样，这样每个人都会高兴。如果每个人都是一样的东西，那他就会觉得不"舒服"，就会对你有意见，你的礼物也就白送了。

27. 世人各为自己打算，真心的合作是非常难的。要想对方死心塌地与你合作，最好的办法就是一根绳子拴两只蚂蚱，跑不了我，也蹦不了你。将两个人的利益紧紧地绑在一起，这恰如孙子所说的"夫吴人与越人相恶也，当其同舟共济，遇风，其相救也，如左右手"。这就是"拴羊吃草"的内涵。如何拴住"羊"呢？方法就是"断其下翎"。"夫驯鸟者断其下翎焉。断其下翎，则必恃人而食，焉得不驯乎？夫明主牧臣亦然，令臣不得不利君之禄，不得无服上之名。夫利君之禄，服上之名，焉得不服？"

"夫妻本是同林鸟，大难临头各自飞。"被人誉为一生风雨同行的夫妻尚且如此，更何况其他与你生死无关痛痒的人，在利益面前又怎能保证不出卖你。所以，"同舟共济"的意义是指在困难面前，彼此能够互相救援，同心协力。而通常情况下，同舟共济之人可以齐心协力，但天下没有不散的筵席，建立在一定利益基础之上的"同舟"，总有各奔东西的一天。

28. 获得财富——这才是你帮助穷人的最好方式。

如果你的脑海里塞满了贫穷的图像，你就不能在其中留住让你富有的图像。不要阅读那些讲述贫民窟的悲惨生活和童工的恐怖经历的书籍和报纸，不要阅读任何会让你的大脑充满阴暗图像的东西。因为了解这些内容，并不能让你对他们的贫困有所帮助；而传播他们的悲惨故事也根本不可能消除贫困。

消除贫困所要做的并不是在你的脑海中塞满贫困的图像，而是让穷人的脑海中出现富有的图像。

你拒绝让自己的脑海充满那些悲惨的图像，这并非表明你要弃穷人于悲惨境地而不顾。

贫穷可以被消除，但不是通过增加对贫穷的关注，而是在于坚定更多人的致富信心。

29. 梭罗说："我走进了树林中，因为我希望慎重地生活。只去面对生命中最重要的，尽可能不去学那些泛泛一般的，在我临死时，不会发觉

我根本就不曾真正地生活过。"

所以在这里提醒大家：千万别被时尚迷了心窍，丧失了自我。只要你摆脱了时尚的压迫，你才能活得更快乐、更真实。

30. 美国南北战争时期，南方有一位著名的将军，他就是外号叫"阻力"的杰克逊——他因行事缓慢而闻名。但同时，他做事却也十分专心致志，并且意志坚定。如果他接手一项工作，不完成决不罢休。所以，他在西点军校读书期间，总是由于忙于复习几天前的课程，没时间看当天的课程而被老师批评。他一直保持着这种稳定的节奏，从一个最没希望的"后进学生"一跃变成全班 70 人中的第 17 名，把 53 名在一开始更有造诣，头脑更灵活的同学远远地抛在后面。他的同学说，如果学制是 10 年而不是 4 年，他一定会以第一的成绩毕业。

全世界都会为意志坚定的人让路。在那些普通的美德中，最平凡的莫过于坚持，对于要开启紧闭的成功之门的人来说，这一点似乎比任何杰出的品质都更加奏效。每个人都可以磨练自己持之以恒的品质，不要半途而废，克制玩物丧志的倾向，因为那只能阻碍进步。

31. 卫斯汀·豪斯曾经这样说过："任何组织，包容必须从上面做起，这是重要的。如果上面的人希望下面的职员包容，就必须先对职员包容。"

能不苛责的时候就不要苛责，多给人台阶下，多放人过关。这应该成为我们待人处世的原则。

32. 德国人习惯在钥匙上刻这样的文字——"不用，就生锈。"这句话适用于铁，也适用于人。

33. 阿特密斯·沃德说:"每个人都有自己的本事,有的人这一方面擅长,有的人那一方面擅长,还有些人不学无术,整日闲散游荡,他们擅长的就是无所事事。

"我有两次企图做自己最不擅长的事情。第一次是我想狠狠教训那个割烂我的帐篷爬进来的可恶的家伙。我对他说:'先生,请你立刻出去,否则我让你知道我的厉害。''来吧,你这个孬种。'他说,于是我向他扑过去,但是他使劲抓着我的头发,把我从帐篷里摔到了外面的草地上。接着他开始对我拳打脚踢,直到把我扔到一汪臭水中为止。我站起来看着自己被撕破的衣服,我意识到打架不是我的强项。"

"第二次是我相信自己可以玩马戏。于是,我搭便车到了一个马戏团,我前面有一匹马,后面有两匹马。但是站在那个位置之后,那些马开始踢我,并且不停地叫唤,四蹄扬起动个不停,一点也不听从我的指挥。最后,我的肚子和后背重重地挨了好几下,并被踢到其他马群里,疼得我禁不住像科西嘉野人一样大声喊叫起来。我被人拉起来,背回了旅馆。我用虚弱的声音对自己说:'看来你并没有驾驭那些马的能力。'"

<u>千万不要做你不擅长的事情</u>,如果你做了,你会发现自己就像在泥潭里挣扎一样,痛苦不堪。

34. 幸运的机会好比市场,稍一耽搁,价格就变了。

在一些危险关头,看来吓人的危险总是比真正压倒人的危险要多许多。只要能挺过最难熬的时间,再来的危险就不那么可怕了。因此,当危险逼近时,善于抓住时机迎头痛击它,要比犹豫躲闪更有利。因为犹豫的结果恰恰是错过了克服它的机会。

善于识别与把握时机是极为重要的,在一切大事业上,人在开始做事前要像千眼神那样察视时机,而在进行时要像千手神那样抓住时机。果断与迅速是最好的保密方法——就像疾掠空中的子弹。

35. 我们在做好事时，不要先毁了自己。圣人告诉我们：要像别人爱你那样爱别人——"卖掉你所有的财产，赠给穷人，把财富积存在天上，然后跟我来"。但除非你已要跟他一道走，否则还是不要把你的一切都卖掉。不然你就等于以微泉去灌溉大河，微泉很快就干涸，而大河却未必增加许多。所以，人心固然应该向善，而行善却不能仅凭感情，还要靠理智的指引。

36. 盲目的勇气是不能被信赖的，对于饱经世事的人来说，常把这种无知的大胆者看作笑柄。其实，既然荒谬就是可笑，那么无畏无忌的狂妄者，总是很少能避免荒谬的。这种人不懂，一件事即使很有把握，还是要留下一点进退的余地。

我们要注意，勇敢常常是盲目的，因而它看不见隐伏在暗中的危险与困难。所以，有勇无谋者不宜担任决策的首脑，但却可以作实施的干将。因为在策划一件大事件必须能预见艰险，而在实行中却必须无视艰险。

37. 在英国一个"10秒钟惊险镜头"的栏目征集作品里，有一个名叫"卧倒"的镜头荣获一等奖。毫不夸张地说，这个10秒钟的镜头，让所有看到的英国人足足肃静了10分钟。镜头是这样的：在一个小火车站，一个扳道工正去为一列徐徐而来的火车扳动道岔。此时，相反的方向也有一列火车呼啸而来，他若不及时扳动道岔，两列火车必然相撞，后果可想而知。此时，他无意中回头一看，发现自己的儿子正在铁轨上玩耍，呼啸而来的火车就在那条轨道上。抢救儿子或避免灾难——他可以选择的时间太少了。父亲忽然想到儿子在与自己做游戏时，做得最出色的就是"卧倒"，于是，他冲着儿子大喊："卧倒！"同时冲上去扳动了道岔。一眨眼的工夫，呼啸而来的火车进了预定的轨道。而另一列火车也呼啸而过。火车上的旅客丝毫不知道，他们刚刚与死神擦肩而过；他们更不知道，一个小生命就卧倒在他们身下的轨道中间，火车从他的身上驰过而他却毫发未损。

表面上看，似乎并没有什么新意。可是就在记者的进一步采访中，人们得知扳道工只是一个极其普通的人，而他的儿子则是一个弱智儿童。扳道工告诉记者，他曾一遍又一遍地告诫儿子说："你长大后能干的工作太少了，你必须有一样是出色的。"儿子听不懂父亲的话，依旧傻乎乎的，但在生命攸关的一秒，他却"卧倒"了，因为这是他在跟父亲玩打仗游戏时，惟一听懂并做得最出色的动作。

38. 狡猾是一种邪恶的聪明。狡猾与机智虽然有所貌似，却又很不相同——不仅是在品格方面，而且是在作用方面。人情练达与理解人性并不完全是一回事。有许多懂得世故很会揣摩人的人，却并不是真正有学问的人。这种人所擅长的是阴谋而不是研究。狡猾的小聪明并非真正的明智。他们虽能登堂却不能入室，虽能取巧并无大智。靠这些小把戏要得逞于世，最终还是行不通的。因为正如所罗门说："愚者玩小聪明，智者深思熟虑。"

39. 偿还债务时，不要急于一下还清，否则与久欠不还同样有害。一次还清债务的人还可能重走借贷的老路。因为，一旦他们发现自己轻易摆脱了债务的负担，难免又会旧病复发。而一点一点地偿还债务，会使人养成节俭的习惯，这无论对他们的心灵还是财产都会有益处。

本章精义

1. 和有远大理想的人交往
2. 不要试图打倒国王，因为你打不倒他
3. 果断地前进，你才有获胜的可能
4. 永远不要说"没有机会"
5. 让你依靠的人，并不是你最好的朋友
6. 千方百计做到经济独立
7. 孤立是失败的前兆
8. 信口开河的人无法令人信服
9. 别被时尚迷了心窍

卷四 拒绝模仿

changes your life the secret

1. 专事效仿的人，不论他所摹仿的人多么伟大，也绝不会成功。没有一个人，能依靠摹仿他人，去成就伟大事业的。

　　在传教士皮吉尔和巴洛克出名以后，数百年间，有无数青年传教士在学习他们讲道的语调、方式方法和种种姿势。然而，他们中没有一个人获得过成功。

　　成功总是躲避摹仿者，却喜欢追求创造者。

2. 在克里米亚的一次战争中，有一枚炮弹击中一座城堡，毁灭了一个美丽的花园。可在那个炮弹落下的深穴里，竟不住地流出泉水来，后来这里竟然成了一个永久不息的著名喷泉。同样，不幸与苦难，也会将我们的心灵炸破，而在那炸开的缝隙里，也会时刻流出奋斗前进的泉水来。

　　许多人不到丧失一切、穷途末路的地步，就不会发现他自己的力量，有时灾祸的折磨反而足以使人发现真实的自己。<u>困难与障碍，好似凿子和锤子，能把生命雕琢得更加美丽动人</u>。一个著名的科学家曾经说过，每当他遇到不能克服的困难时，总使他有新奇的发现。

　　失败往往会激发人的潜力，唤醒沉睡着的雄狮，引人走上成功的道路。有勇气的人，会把逆境变为顺境，如同河蚌能将它讨厌的沙泥化成珍珠一样。

3. 当我们恨我们仇人时，就等于给了他们致胜的力量。那种力量能够使我们难以安眠、倒我们的胃口、升高我们的血压、危害我们的健康和吓跑我们的快乐。要是我们的仇人知道他们如何令我们担心，令我们苦恼，令我们一心报复的话，他们一定会高兴的跳起舞来。我们心中的恨

意完全不能伤害到他们，却使我们的生活变得像地狱一般。

当耶稣说"爱你的仇人"的时候，他也是在告诉我们：怎么样改进我们的外表。我想你也和我一样，认得一些女士，她们的脸因为怨恨而有皱纹，因为悔恨而变了形，表层僵硬。不管怎样美容，对她们容貌的改进，也及不上让她心里充满了宽容、温柔和爱所能改进的一半。

<u>永远不要去试图报复我们的仇人</u>，因为如果我们那样的话，我们会深深地伤害了自己。不要浪费一分钟的时间去想那些我们并不喜欢的人。

4. 关于友谊，爱默生说过一句经典的话："一个真挚的朋友胜于无数个狐朋狗友。"的确，除了自己的力量之外，再也没有别的力量能像真挚的朋友一样，帮助你去实现成功。

有一次，英国伦敦的一家报社悬赏征求对"朋友"一词的解释，其中一个参赛者送去的解释是："当所有人都离我而去时，仍然在我身边的那个人。"这个解释虽然不够典雅和严格，但谁还能说出一个更好的呢？

5. 你如果送你亲戚100万美元，他应该会感谢你吧？安德鲁·卡耐基就资助过他的亲戚，不过，如果安德鲁·卡耐基能重新活过来，一定会很震惊地发现：这位亲戚正在诅咒他呢！为什么呢？因为卡耐基遗留了3亿美元的慈善基金——但他只继承了100万美元。

人间之事就是这样。人性就是人性——你也不用指望会有所改变。何不干脆接受呢？

我们天天抱怨别人不会知恩图报，到底该怪谁？这是人性——还是我们忽略了人性？<u>不要再指望别人感恩了</u>。如果我们偶尔得到别人的感激，就会是一件惊喜的事。如果没有，也不至于难过。

忘记感谢乃是人的天性，如果我们一直期望别人的感恩，多半是自寻烦恼。

6. 要是你被人家踢了，或者是被别人恶意批评的话，请记住，他们之所以做这种事情，是因为这事情能使那些人有一种自以为重要的感觉；这通常也就意味着你已经有所成就，而且值得别人注意。很多人在骂那些教育程度比他们高，或者在各方面比他们成功得多的人的时候，都会有一种满足的快感。

大概很少有人会认为耶鲁大学的校长是一个庸俗的人，可是曾担任过耶鲁大学校长的摩太·道特，却以能够责骂一位总统为荣，"我们就会看见我们的妻子和女儿，成为合法卖淫的牺牲者。我们会大受羞辱，受到严重的损害。我们的自尊和德行都会消失殆尽，使人神共愤。"

这几句话听来好像是在骂希特勒，对不对？但不是的，这些话是在骂汤玛斯·杰佛逊。哪一个汤玛斯·杰佛逊呢？想必不是那位不朽的汤玛斯·杰佛逊吧？那个写独立宣言的，那个民主政体的代表人物？可是一点也不错，说的正是这个人。

如果我们因为不公正的批评而忧虑的时候，请记住这样一句话：不公正的批评通常是一种伪装过的恭维，<u>从来没有人会踢一只死狗</u>。

7. 许多人最终没有成功，不是因为他们能力不够、诚心不足或者是没有对成功的热望，而是缺乏坚定的决心。这种人做事往往虎头蛇尾、有始无终，做起事来也是东拼西凑、草草了事。

他们总是怀疑自己目前所做的事情是否能成功，永远都在考虑到底要做哪一种事，有时他们认定某种职业有绝对成功的把握，但做到一半他们又觉得还是另一个职业比较妥当。他们时而对现状心满意足，但时而又非常不满。这种人最终还是以失败作为结局，对于这种人所做的事情，别人肯定不敢担保，就是连他自己也常常毫无把握。

8. 数年前，我的祖母在98岁时死去。她去世前不久，我们给她看一张她自己在30年前所摄的相片。她的老花眼看不清相片，但她问的惟一问题是:"那时我穿着什么衣服?"试想一想!一位在她生命最后时间的老太太,虽然年事已高,卧床不起,记忆力衰弱,几乎不能辨认她自己的女儿了,还注意自己30年前穿的什么衣服!她问这问题时,我在她床边,这事在我脑中留下了一个永不磨灭的印象。

对很多男人来讲,他们也许想不起自己5年前穿的什么衣服、什么衬衫,他们也丝毫没有意识去记它们,但女人则是不同。法国上等社会的男子都曾经接受过训练,对女人的衣帽表示赞赏,而且一晚不只一次。

9. "快乐的婚姻,"白德费尔特牧师说,"很少是机会的产物,她们像建筑似的,必需有理智的,用心去设计过的。"为帮助这种设计,许多年来,白德费尔特牧师坚持凡是请他证婚的男女,必须同他坦白地讨论他们未来的计划。根据这些讨论所得的结果,他得出结论:许多急于结合的人,是"婚姻的文盲"。

10. 女人非常重视自己的生日和结婚周年纪念——为什么这样,这将是永远没有人明白的女性神秘之一。一般的男人虽然不记得许多日子,但仍然能够凑合着过一生,但有些日子他还是必须记住的:10月1日国庆节、每年的春节、他太太的生日、以及他自己结婚的年月日。不然的话,他甚至还可以不管前面那两个日子——但绝对不可以忘记后面这两个!

11. 格莱斯顿和凯瑟琳在一起生活了59年,差一点就是60年了,他们一直彼此相爱。无法想像,这位英国最威严的首相,在公开的场合中,是一位可畏的敌人,但在家中,则永远不批评任何人。

当他到楼下吃早饭的时候,所能看到的,却是全家的人还在睡觉,他就以和婉的方式来表达他的不满。他提高了声音,唱着不知其名的圣歌,声音充满整个屋子,以告诉家里其他的人,全英国最忙的人已经独自一个在楼下等着吃早饭了。他保持着外交家的风度，体谅人的心意，并强烈地控制自己，不对家事有所批评。

12. 你要是跟你孩子、伴侣、雇员说他或她对某件事显得很笨，很没有天分，那你就做错了，这等于毁了他所有要求进步的心。

但如你用相反的方法，宽宏地鼓励他，使事情看起来很容易做到，让他知道，你对他做这件事的能力有信心，他的才能只是还没有发挥出来，这样他就会见到黎明，以求自我超越。

13. 每个人都重视自己，喜欢谈论自己，即使你的好朋友也一样，他们可不愿听你唠唠叨叨地在那儿自吹自擂。

法国一位哲学家曾说过："<u>如果你想树立敌人，只要处处压过他，超过他就行了</u>。但是，如果你想赢得朋友，你就必须让朋友超越你。"

这是什么道理呢？当朋友优于我们、超越我们时，可以给他一种优越感。但是当我们处在压过他们、凌驾他们之上时，就会使其产生自卑而导致嫉妒与不悦。

14. 在第一次世界大战期间，一个名叫保罗·科恩的匈牙利士兵，脑袋被子弹打穿。他的伤养好了，可是奇怪的是，他从此没有办法再睡着。不管医生用什么样的办法——使用各种镇静剂和麻醉药，甚至使用催眠术——保罗·科恩就是没有办法睡着，甚至不觉得困倦。所有的医生都说他活不久了，可是他令所有人吃惊了。他找到一份工作，非常健康地活了好多年。他有时候会躺下来闭上眼睛休息，可是永远也没有办法入睡。他的病例在医学史上是一个待解的谜，也推翻了我们对睡眠的很多想法。

有些人睡眠时间必须比其他人长。著名指挥家托斯卡尼尼每晚只需要睡 5 个小时，可是柯立芝总统却需要两倍的时间——每 24 个小时，柯立芝要睡 11 个小时。换一句话说，托斯卡尼尼一生大概只花了 15 年的时间在睡眠上，而柯立芝却几乎睡掉了他生命的一半时间。

<u>对失眠而产生的忧虑，对你伤害的程度，远远超过失眠症本身。</u>

15. 拿破仑的家务总管康斯丹，在《拿破仑私生活拾遗》中写到拿破仑和约瑟芬打桌球时，曾说："虽然我的技术不错，但我总是让她赢，这样她就高兴。"

我们可以从康斯丹那里总结出一个颠扑不破的教训：让我们的顾客、情人、丈夫、太太，在琐碎的争论上赢过我们。

释迦牟尼说："恨不消恨，端赖爱止。"争强好辩绝不可能消弭误会，只能靠技巧、协调、宽容，以及用同情的眼光去看别人的观点。

16. 有天晚上，爱丽丝回到家里，觉得筋疲力尽。一副疲倦不堪的样子。她也的确感到非常疲劳，头痛，背也痛，疲倦得不想吃饭就要上床睡觉。她的母亲再三地求她……她才坐在饭桌上。不久，电话铃响了。是她男朋友打来的，请她出去跳舞。她的眼睛亮了起来，精神也来了，她冲上楼，穿上她那件天蓝色的洋装，一直跳舞到半夜 3 点钟。最后，等她终于回到家里的时候，却一点也不疲倦，事实上还兴奋得睡不着觉呢。

在 8 个小时以前，爱丽丝的外表和动作，看起来都筋疲力尽的时候，她是否真的那么疲劳呢？一点也不错，她之所以觉得疲劳是因为她觉得工作使她很烦，甚至对她的生活都觉得很烦。

<u>一个人由于心理因素的影响，通常比肉体劳动更容易觉得疲劳。</u>

17. 惟一可以使过去的错误有价值的方法，就是平静地分析我们过去的

错误，并从错误中得到教训——然后再把错误忘掉。

有一天早上，我们全班到了科学实验室。老师保罗·布兰德威尔博士把一瓶牛奶放在桌子边上。我们都坐了下来，望着那瓶牛奶，不知道那跟他所教的生理卫生课有什么关系。然后，保罗·布兰德威尔博士突然站了起来，一掌把那瓶牛奶打碎在水槽里——一面大声叫道："不要为打翻的牛奶而哭泣。"

然后他叫我们所有的人都到水槽边去，好好地看看那瓶打碎的牛奶。"好好地看一看，"他告诉我们，"因为我要你们这一辈子都记住这一课，这瓶牛奶已经没有了——你们可以看到它都漏光了，无论你怎么着急，怎么抱怨，都没有办法再挽救回一滴。只要先用一点思想，先加以预防，那瓶牛奶就可以保住。可是现在已经太迟了——我们现在所能做到的，只是把它忘掉，丢开这件事情，只注意下一件事。"

所以，为什么要浪费眼泪呢？当然，犯了过错和疏忽都是我们的不对，可是又能怎么样呢？谁没有犯过错？就连拿破仑，在他所有重要的战役中也输过 1/3。也许我们的平均纪录并不会坏过拿破仑，谁知道呢？

何况，即使动用国王所有的人马，也不能再把过去找回的。

18. 就像一朵花开过自己的季节没有留下浮动的暗香，就像一艘船横渡汹涌的江河没有在波涛中留下帆影，就像一个人走过泥泞没有留下跋涉的脚印，就像一只鹏划过寥廓的天空没有留下翅膀的痕迹。

往事并不如烟，它总有让人咀嚼回味的地方，一截痛苦的生活，一段伤心的情感，一串快乐的时光，一些灿烂的日子，或者勾起我们无限的伤感，或者让我们重温已逝的幸福。实际上，只要沉浸其中，总是别有一番滋味在心头的。真正没有回忆的人，只会是那些日子过得太过平庸的人，或者是那些麻木到心死的人。

归有光在《项脊轩志》中，回忆他曾经栖身的那间南阁子，先叙"三五之夜，明月半墙，桂影斑驳，风移影动，珊珊可爱"之美，继而笔锋一转，回忆自己去世的母亲，"儿寒乎？欲食乎？"一句句透着母爱的温暖话语，让人黯然落泪。而最后一句"庭有枇杷树，吾妻死之年所手植也，今已亭亭如盖矣。"情到最深处，再刚强的人也会遮掩不住，任由泣下沾襟。

19. **不是钱真的太少，而是欲望永无止境！** 欲望就像传说中的红舞鞋，一旦套上，你就被它紧紧攫住，狂舞不止，直到生命耗尽。人生无限，欲望无限，在物质的世界，要支撑这些昂贵的欲望，你就得拼命挣钱，结果你就成了钱的奴隶，让另一些简单的快乐反而无处生根。

　　对于生命来说，到底什么是最重要的？或许只有当你年老了，垂暮了，快要告别人世了，你心如和风，品味一生的回忆，才知道什么是人生中最宝贵的东西。

20. 所谓的稳定收入是很多人行动的障碍。犹如人生的鸡肋，说到底还是反映出缺乏自信。对绝大多数人来说，靠薪水永远只能满足生活的基本要求。老板之所以雇你，不是要让你发大财的，也不是要和你共同富裕的，如果他挖不出你的剩余价值，就会一脚踢开你。

　　所以，最终要创造自己的幸福，还得靠你自己。

　　舍不得孩子套不住狼，舍不得鸡肋也是干不成大事的。 当然，孩子舍出去了，也并非一定套得住狼，失手的事完全可能发生；舍去了鸡肋也许最终并没有干成大事，甚至真的连光骨头都没得啃了，这也有可能。不过只要你相信人的能力是在实践中锻炼出来的，多一些经历，无论如何总是好事，至少对提高个人素质有用，那么你就会觉得，你在走着，在向目标接近，总比原地踏步好。

21. 秦朝的李斯，曾经位居丞相之职，一人之下，万人之上，荣耀一时权倾朝野。虽然当他达到权力地位顶峰之时，曾多次回忆起恩师"物忌太盛"的话，希望他回家乡过那种悠闲自得、无忧无虑的生活。但由于他贪恋权力，所以始终未能离开官场，最终被奸臣陷害，不但身首异处，而且殃及三族。李斯是在临死之时才幡然醒悟的，他在临刑前，拉着二儿子的手说："真想带着你哥哥和你，回一趟上蔡老家，再出城东门，牵着黄犬，逐猎狡兔，可惜，现在太晚了！"

事实上，全身而退是一种智慧和境界。为什么非要得到一切呢？活着就是老天最大的恩赐，健康就是财富，你对人生要求越少，你的人生就会越快乐。对于我们这些平凡人来说，能怀一颗平常善良之心，淡泊名利，对他人宽容，对生活不挑剔，不苛求，不怨恨，富不行无义，贫不起贪心，这就是一种人生的练达。

22. 比利·鲍勃·哈勒尔曾是美国得克萨斯州一家建材市场的装卸工，47岁那年，他赢得了总额高达3100万美元的彩票头奖。两年后，拥有7处房产和5辆崭新汽车的哈勒尔，把自己关在他漂亮的牧场豪宅的9间浴室的某一间里，脱去衬衫，用霰弹枪向自己的心脏开了一枪，当即死亡。

科恩说："大多数人都不知道幸福是什么。他们只知道，只要有钱，有好车，有大房子，就是幸福。但是有了钱，有了好车，有了大房子的人，却并不比其他的人幸福。"

23. 关于"穷人缺什么"，一些好莱坞的新贵和其他行业几位年轻的富翁，就此话题接受电台的采访时，都毫不掩饰地承认：野心是永恒的特效药，是所有奇迹的萌发点。某些人之所以贫穷，大多是因为他们有一种无可救药的弱点，即缺乏野心。

要想成功，仅仅存有成功的希望是不够的，最重要的是要有强烈的成功欲望。"野心"是成功最好的特效药！

24. 古希腊有一个双面的神像，他被废弃了很久。有一位天神问及他的原因，双面神像说："很久以前，我驻守这座城时，自诩能够一面察看过去，一面又能瞻望未来，却唯独没有好好地把握住现在。结果，这座城池便被敌人攻陷了，美丽的辉煌成为了过眼云烟，我也被人们唾弃在废墟中了。"

<u>如果不能把握现在，过去和未来都毫无意义。</u>

25. 在美国的童子军中，经常玩一种游戏，即：凡是有新成员加入童子军的时候，总要把椅子排成一圈，形成一道障碍，然后蒙上新成员的眼睛，让他走过这条通道。队长会在游戏开始前给他一两分钟的时间叫他尽可能地记住所有椅子的位置，但是，一旦他被蒙上了眼睛之后，就会立即悄悄地移开所有的椅子，撤消所有的障碍。

我总觉得人生就犹如这种游戏。或许，我们在自己一生中都在竭尽全力地企图避开那些妨碍我们的事物，而这种事物却常常只存在于我们自己的头脑之中，并且其中有一些则是我们自己想象的产物。

有时候，我们不敢去谋求某个职位，不敢去学拉小提琴，不敢去学习外语，甚至不敢打电话给某位老朋友，等等。这种种不敢，往往都是我们自己给自己设下的障碍。而正是这种无中生有的障碍，使我们裹足不前，错过了许多我们本来应该去做而且能够做好的事。

<u>除非你真的已经撞上了椅子，不然就不要避开那些只存在于你的想象中的椅子</u>。哪怕你真的撞上了椅子，那也没有多大关系，至少，你有个地方可以让自己坐下来。

26. 曾担任日本商社副董事长的海部八郎先生，是公认的才华横溢的人，同时也是一位地地道道的贴金大王。为增加自己的权威性，他经常亲密地称呼一些从未见过面的政界大人物。他常对人这样说，"刚才田中先生打电话给我……"，或说"我刚刚参加过福田纠夫的记者招待

会。"

随意称呼大人物的名字，是抬高自己身价的一种绝招。因为如何称呼人，往往是两人之间的社会地位和亲密程度的反映。如果你想借田中首相的名字抬高自己的身价，称首相不如称田中先生效果好，而称田中先生又不如称田中效果好，换句话说，越是随便，就越能给人以"自己与大人物亲密无间"的印象。

27. 人到最后，若不把钱财遗留给亲属，就只能留给社会。但所留遗产的数量应当适中。给子女一份大家业，未必是对他们的爱。如果他们年轻又缺少见识的话，那么这份家业可能招来许多鹰鸳，环聚他们身边，把他们当作被围捕的猎物。同样，为虚荣而捐赠大笔款项、基金等，正像不撒盐的祭品，保存不会太久，还可能变成一座粉饰的坟墓，外面好看而内里滋生腐败。遗产的馈赠，最好做在生前，而不要等到死后，因为<u>活着赠人礼物是一种恩惠，而死后留给别人的东西，只是自己不能享用的东西</u>。

28. 有一个叫卡尔基老太太向我讲述了一个她亲身经历的故事。

那是 1965 年，她已 100 岁了，一位不速之客找到她家，此人叫拉伯莱，是法国小有名气的法律公证人。他非要每月给卡尔基一笔 2500 法郎的养老金，让卡尔基老太太生活富裕，享受天伦之乐。这使老太太喜出望外，不过她心想：这不是天上掉馅饼吗？世间哪有这种好事！在老太太追问下，拉伯莱终于说出了自己的想法：养老金不是白给的，老太太去世后她祖先留下的那幢房子要归拉伯莱所有。老太太微微一笑，答应了，并到公证处做了公证。

当时拉伯莱年富力强，仅 47 岁。他的如意算盘是：百岁的卡尔基顶多再活七八年就要走人了。

贪心的拉伯莱天天盼老太太快死，但她却一直健康如常，而且越活越带劲儿。而工于心计的拉伯莱却抑郁寡欢，每况愈下，终于在1995年，77岁时患心肌梗塞撒手西归。到拉伯莱死时，30年间先后给卡尔基老人90万法郎养老金，高出房产4倍多。

卡尔基老太太得知拉伯莱死讯时，伤心地流泪，十分惋惜地说："他有很高的文化，可惜这么聪明绝顶的人怎么也会做亏本的生意呢？"

29. 礼仪是微妙的东西。它既是人类间交际所不可或缺的，却又是不可过于计较的。如果把礼仪形式看得高于一切，结果就会失去人与人真诚的信任。

要注意——在亲密的同伴之间应注意保持矜持以免被狎犯，在地位较低的下属面前却不防显得亲密会倍受敬重。事事都伸头的人是自轻自贱并惹人厌嫌的。好心助人时要让人感到这种帮助是出自对他的爱重，而并非你天生多情乐施。表示一种赞同的时候，不要忘记略有保留——以表明这种赞同并非阿谀而经过思考。即使对很能干的人，也不过于恭维，否则难免被你的嫉妒者看作拍马屁。

礼貌举止正好比人的穿着——既不可太宽也不可太紧。要讲究而有余地，宽裕而不失大体。

30. 第二次世界大战的硝烟刚刚散尽，以美英法为首的战胜国几经磋商后，决定在美国纽约成立一个协调处理世界事务的联合国。一切准备就绪之后，人家蓦然发现，这个全球最权威的世界性组织，竟找不到自己的立足之地。

买一块地皮吧，刚刚成立的联合国机构还身无分文。让世界各国筹资吧，牌子刚刚挂起，就要向各国搞经济摊派，负面影响太大。况且刚刚经历了第二次世界大战的浩劫，各国政府都财库空虚，许多国家都是财政赤字居高不下。在寸土寸金的纽约筹资买一块地皮并不是一件容易的事，联合国对此一筹莫展。

听到这一消息后，美国洛克菲勒家族果断出资 870 万美元，在纽约买下一块地皮，并将这块地皮无条件地赠予了这个刚刚挂牌的国际性组织——联合国。

同时，洛克菲勒家族亦将毗连在这块地皮的大面积的地皮全部买下。

对洛克菲勒家族的这一出人意料之举，当时许多美国大财团都吃惊不已。870 万美元，对于战后经济萧条的美国和全世界，都是一笔不小的数目，而洛克菲勒家族却将它拱手赠了出去，并且什么条件也没有。

这条消息传出后，美国许多财团主和地产商都嘲笑说："这简直是蠢人之举。"并纷纷断言："这样经营不要 10 年，著名的洛克菲勒家族财团便会沦落为著名的洛克菲勒家族贫民集团。"

但出人意料的是，联合国大楼刚刚建成完工，毗邻它四周的地价便立刻飙升起来，相当于捐赠款数十倍，近百倍的巨额财富源源不断地涌进了洛克菲勒家族财团。这种结局，令那些曾讥讽和嘲笑过洛克菲勒家族之举的人们目瞪口呆。

31. 坦白是诚实和勇气的产物。在各种场合上你想做什么就做什么。朋友要求帮忙，你应义不容辞，只要他的要求合理；倘不合理，坦直地向他说明你为什么爱莫能助。你用任何遁辞推托都是自误误人。切勿不惜一切以求维持友谊，要求你这样做的人，是在叫你牺牲自己以赢得他的欢心。不卑不亢地跟你所有的同伴交往，你会发觉这方法最实用。最重要的是，不以虚伪的面目待人。<u>如果你对某人不满，把怨言向他诉说，勿向别人抱怨</u>。最危险的尝试莫过于当着人家的面承诺一事，暗中却另做打算。

32. 人类的天性就是习惯于责备别人原谅自己，我们每个人都是如此。批评就像是养熟的鸽子，你抛出去它却会飞回来。我们要了解到，我们所责备的人，他们会为自己辩护，甚至还会反过来责备我们。

当我们要对付一个人的时候，应该记住，我们不是对付理论的动物，而是在对付感情的动物。批评是一种危险的导火线——一种能使自尊火药库爆炸的导火线。这种爆炸，有时会置人于死地。

胡特将军就曾因为人们的批评，并被撤销了带兵赴法国的权利，这对他的自尊是重重的一击，以至于几乎缩短了他的寿命。

苛刻的批评，曾使敏感的哈代——英国文坛上的最好的小说家，丧失了执笔的勇气。

本杰明·富兰克林在年轻时，并不是一个聪明的人。可是后来他却成为了八面玲珑，接人待物极有技巧的人，甚至担任了美国驻法国的大使。他成功的秘诀是：不说任何人的坏话。他说："我清楚每个人的好处。"

<u>任何一个愚蠢的人，都惯于批评、责备和抱怨</u>，孰不知这是最笨的处事方法。但若要学会宽恕、了解，那就需要完善你的人格，克制自己。

卡莱尔曾经这样说过："要显示一个伟大人物的伟大之处，那就要看他如何对待一个卑微的人。"而约翰博士则这样说："上帝在末日之前，还不打算审判人！"

33. 谈到欲望，只要你没有可能会唤起别人贪婪或占有欲的东西，只要你没有收藏稀世珍宝，你就不必担忧。妒忌是能够躲避的，只要你从不逗引别人注意你，不去炫耀自己的财产，只要你学会把秘密深藏在自己的心底。

34. 每一个专注事业的人，是没有工夫去嫉妒别人的，而凡是好嫉妒的人，常常不能把精力集中到自己的生活中，而是投入到一些与自己的生活及工作无关紧要的小事中。嫉妒的人是在不断地对别人的打击中寻找乐趣，以求内心平衡，而他们自己的生活却因此而搞得一团糟。正如古希腊哲学家德谟克利特所说："<u>嫉妒的人常自寻烦恼，这是他自己的敌</u>

人。"与其说是别人的成功妨碍了他，倒不如说是他自己的关注点发生了偏离，自愿从生活轨道上滑落而自毁前程。

  对待别人长处的正确方法是，不让别人发觉自己在羡慕他，因为这样显得自己不如别人，而是暗暗下定决心，迎头赶上，甚至超越。

本 章 精 义

1. 只做你自己
2. 永远不要试图去报复我们的仇人
3. 别期望别人的感恩
4. 从来没有人会踢一只死狗
5. 不是钱太少，而是欲望太盛
6. 成功总是躲避摹仿者，却喜欢追求创造者
7. 如果不能把握现在，过去和未来都毫无意义
8. 某些人之所以贫穷，大多是因为他们有一种无可救药的弱点，即缺乏"野心"
9. 为什么非要得到一切呢？活着就是老天最大的恩赐，健康就是财富，你对人生要求越少，你的人生就会越快乐
10. 舍不得孩子套不住狼，舍不得鸡肋也是干不成大事的
11. 不要为打翻的牛奶而哭泣

卷五 别为小事而疯狂
changes your life the secret

1. 你如果与一个不是同一重量级的人争执不休，就会浪费自己的资源，降低人们对你的期望，并无意中提升了对方的品位。同样的，一个人对琐事的兴趣越大，对大事的兴趣就会越小，而非做不可的事越少。越少遭遇到真正的问题，人们就越关心琐事。

威廉·詹姆斯说过："明智的艺术，就是清醒地知道该忽略什么的艺术。"<u>不要被不重要的人和事打搅</u>，因为成功的秘诀是抓住目标不放，而不把时间浪费在无谓的事情上。

真英雄之所以是真英雄，不仅在于他的勇猛或胆识过人，更在于他的肚量和策略不凡，他不与小人一般见识，不逞一时之气。

2. 两个天使到一个富户家借宿。这家人拒绝让他们在卧室过夜，而是在地下室给他们找了一个角落。当他们铺床时，老天使发现墙上有一个洞，就顺手把它修补好了。

第二天晚上，两人又到了一个贫穷的农家借宿。主人夫妇俩把仅有的一点点食物拿出来款待客人，然后又让出自己的床铺给他们。第二天一早，两个天使发现夫妇俩哭泣，他们惟一的生活来源——一头奶牛死了。年轻的天使非常愤怒地质问老天使为什么会这样，第一个家庭什么都有，老天使还帮助他们修补墙洞，第二个家庭尽管如此贫穷还是热情地款待客人，而老天使却没有阻止奶牛的死亡。

"有些事并不像你看上去那样。"老天使答道："当我们在地下室过夜时，我在墙洞里面堆满了金块。因为主人被贪欲所迷惑，不愿意与别人分享他的财富，所以我把墙洞填上了。昨晚，死亡之神来召唤农夫的妻子，我让奶牛代替了她。"

美国经济学家马歇尔指出，<u>任何事物我们只能了解到它的 1/8</u>。它有如露出水面之冰山，虽唾手可得，但也是冰山一角。

3. 在艰难的环境中，一片树木总是比一棵树林更能抵御狂风暴雨，因而存活下来的机会也更大。法国纪录片《帝企鹅日记》中的一幕就真实地反映了我们这个时代的丛林法则。在寒冷的冬天里，一群小企鹅紧缩成一团，让秃鹰不敢轻举妄动。而不远处的一只小企鹅因离团队太远，未能及时赶回，不幸成为秃鹰的猎物。聚成一群的企鹅只能看着，却无能为力。

在残酷的竞争中，个人的力量毕竟是有限的。与其在危机四伏的"阵地"中孤军奋战，不如寻找战略伙伴，就像那些小企鹅一样，在危险来临的时候，别忘了你的身边还有战友共患难，大家的力量总是比一个人的力量要大。

4. 在生活中，将人们击垮的有时并不是那些看似灭顶之灾的挑战，而是一些微不足道的、鸡毛蒜皮的小事。由于一些人不善于清点和梳理自己的工作与生活，分不清事情的轻重缓急，将大部分时间和精力无休止地消耗在这些鸡毛蒜皮的小事之中，或消耗在本该让他人做的事情上。在盲目的忙碌中偏离了自己的角色，最终一事无成，正像小小的蝙蝠能把强大的生命置于死地一样。

伏尔泰说，使人疲劳的不是远方的高山，而是鞋子里的一粒沙子。在人生的道路上，我们很有必要学会随时倒出鞋子里那颗小小的沙粒。

5. 距离是一种美。感情容易滋养人心也会轻易伤害人心，不管是血浓于水的亲情，还是海誓山盟的爱情，都可能在不经意间刺痛对方。就像刺猬的相处，当它们相隔得遥远时，会觉得寒意袭人，于是它们不由自主地靠近，彼此取暖。它们紧紧地靠在一起，以为可以得到安全和温暖，可是却难以忍受彼此的长刺，那锥心的疼痛竟然来自于自己信任和期待的对方，于是它们又会各自分散。

6. 在威斯敏斯特教堂地下室里，英国圣公会主教的墓碑上写着这样一段话：当我年轻自由的时候，我的想像力没有任何局限，我梦想改变这个世界。当我渐渐成熟明智的时候，我发现这个世界是不可能改变的，于是我将眼光放得短浅了一些，那就只改变我的国家吧！但是我的国家似乎也是我无法改变的。当我到了迟暮之年，抱着最后一丝努力的希望，我决定只改变我的家庭、我亲近的人——但是，唉！他们根本不接受改变。现在，在我临终之际，我才意识到：如果起初我只改变自己，接着我就可依次改变我的家人。然后，在他们的激发和鼓励下，我也许就能改变我的国家。再接下来，谁又知道呢，也许我连整个世界都可以改变。

7. 阿布·卡恩说过："信任就像一根细丝，弄断了它，就很难把两头再接回原状。"所以，不管在生命的哪个阶段，你能拥有的最伟大的幸福就是信任。猜忌是社会的毒素，无声无息却充满负面的能量，足以销蚀人的勇气和友善，更会使一个国家、一个民族丧失最后的团队精神。信任的建立，需要真诚的日积月累；而信任的崩溃，一次猜忌就足够了。

8. 经常流传一些创业故事，人们传来传去，最后只剩下了他（她）在成功的那一刻拥有几家公司、几处房、几辆车……其实，一夜之间就大获成功的故事，即使有，也很少见。让他人艳羡不已的成功，其实是许多年的设计、经营和努力。想一想这漫漫的奋斗征程，克服寂寞，抵御诱惑，清除障碍，解决问题……这一切，需要非凡的执著和定力。

有一句名言说得好："如果你想出人头地，你要耐得住寂寞，因为成功的辉煌就隐藏在寂寞的背后。"在革命尚未成功之前，我们必须耐

得住寂寞。

9. "九连环"这种益智游戏的历史非常悠久，据说发明于我国的战国时代。它是人类发明的最微妙的玩具之一，无论解下还是套上，都要遵循一定的规则。十九世纪时有人经过论证，证明共需要341步，到目前为止还没有其他更为便捷的答案。

其玩法比较复杂，解套方法是在前两环解下后，要解第三环时，需先将解下的第一环再套回，然后才能解下第三环，之后再套回第一环；到解四环时，依前法套回前面的三环，再解下开首的前二环，然后才能解下第四环，最后又套上开首的前二环。以此类推，每要解开一个环，就必须将前面已解开的环再套回去，直到解到第九环，须将前面所有已解开的环都再套回去。如果解套者在每一步骤中，舍不得把好不容易解下的环套回去，那么这个九连环就无法全部解开。

我们的生活就犹如这个九连环，是一个一个环扣所组成的。如果只贪图眼前的小名小利，只安逸于现有解开的那个环，而不肯放弃，那么就无法再进一步，获得更大的收获；对于悲欢离合的"环"放不下，就会在悲欢离合里痛苦挣扎；对于心中的"环"放不下，生命就会被抑郁套牢。

因为放不下，我们就无法解开人生层层缠绕的环扣，无法解脱。能解套与否，就全在人们的一念之间。因为放不下，所以无法解脱……

10. 英国前首相劳合·乔治有一个习惯——随手关上身后的门。有一天，乔治和朋友在院子里散步，他们每经过一扇门，乔治总是随手把门关上。"你有必要把这些门关上吗？"朋友很是纳闷。

"哦，当然有这个必要。"乔治微笑着说，"我这一生都在关我身后的门。你知道，这是必须做的事。当你关门时，也将过去的一切留在后面，不管是美好的成就，还是让人懊恼的失误，然后，你又可以重新开始。"

追悔过去，只能失掉现在；失掉现在，哪有未来！泰戈尔说过："错过太阳了，如果你还在流泪，那么你就要错过星星。"

11. 将长袖衣服的袖子卷起来，露出我们的肌肤，可以使人产生充满活力、做事积极的印象。

听说年轻的女性往往会对卷起衣袖做事的男人产生好感。岂止是年轻的女性，任何人对卷起衣袖做事的人都会产生好感！

12. 深藏你的拿手绝技，你才可永为人师。因此你演示妙术时，必须讲究策略，不可把你看家本领都通盘托出，这样你才可长享盛名，使别人永远惟你是依。

在指导或帮助那些有求于你的人时，你应激发他们对你的崇拜心理，要点点滴滴地展示你的造诣。含蓄节制乃生存与制胜的法宝，在重要事情上尤其如此。

13. 正因为怕失去控制权，所以许多人不敢领情。有些人在给予的时候，会感到安全和优越。但接受却会使情形倒转，令他们感到自己受惠于人。

其实，接受也是一种美德。这表示你能够相信别人真关怀你，希望你快乐；这表示你抛弃了假面具，不再固执地认为自己可以无求于人，承认别人有能力丰富你，给予你所需要的；这表示你敞开自己的心扉，露出最脆弱的自我，并在接受别人的爱时毫不恐惧。

"上帝喜欢乐意奉献的人。"《圣经·新约》中说。但是如果送出的礼物不获赏识，则非施赠的人所乐见。我们可以肯定，上帝也爱一个愉快地接受的人。

14. 罗斯福在中年的时候做了参议员，在政坛上炙手可热。如日中天的他，这时却意外地患了小儿麻痹症。开始时，他一点也不能动，必须坐在轮椅上，整天依赖别人把他抬上抬下。

在这突如其来的打击下，他差点心灰意冷，退隐乡园。

后来，他重振精神，直面自己的残疾，坚持一个人不屈不挠地练习自理、自立的能力。

有一天他告诉家人说，他发明了一种上楼梯的方法，并愿意表演给大家看。原来，他是先用手臂的力量，把身体撑起来，挪到台阶上，然后再把腿拖上去，就这样一阶一阶艰难缓慢地爬上楼梯。

他的母亲阻止他说："你这样在地上拖来拖去的，给别人看见了多难看。"

罗斯福断然地说："我必需面对自己的耻辱。"

……

是的，<u>我们必需直面自己的耻辱</u>，因为那是一种明智。既然缺憾是不以人的主观意志为转移的客观存在，那么直面缺憾就要比掩耳盗铃、自欺欺人高明和睿智得多。

15. 在《圣经·出埃及记》里，说到摩西带领以色列人出埃及，过红海，来到旷野，走了3天都找不到水喝，好不容易到了玛拉，却发现那儿的水是苦的，百姓不由得大发怨言，诉苦不已。他们不知道，只要再走一段路程，紧接着就到了以琳，那里有泉水和棕树，可以让他们安安稳稳、舒舒服服地扎营休息。

<u>最后一段路往往是最艰苦难行的</u>。因为，开始的时候，人凭着一股冲劲，雄心万丈，希望无穷。然而，经过长途跋涉，精疲力竭，信心开始动摇，意志渐渐松懈，不免对自己怀疑，对前途绝望，许多人因此不能坚持到底，以致前功尽弃。

哥伦布在他每天的航海日志上最后一句总是写着："我们继续前进！"这句话看似平凡，实则包含无比的信心和毅力。

16. 在欧洲中世纪时期，一位雇佣兵首领拯救了一座城池，城内善良的百姓千方百计地想要报答他，可是用哪种方式呢？

金钱似乎显得轻微，多少金钱才足够奖励保存一个城市自由的人的功绩呢？有人想让这名雇佣兵首领担任城市的主人，但又有人反驳说，这也不足以报答他。最终人们采用了他们一致认为最完美的方式："让我们吊死他，然后把他封为我们的守护圣人吧！"

这就是雇佣兵首领得到的回报。

<u>真正聪明的人宁愿让人们需要，而不是让人们感激</u>。有节制的需求心理比世俗的感谢更有价值。因为有所求，便能铭心不忘，而感谢之词最终将在时间的流逝中淡漠。

17. 在通常情况下，人会借助朴实的外表，不动声色地施展自己的诡计，也正是在这种情况下，计谋才最容易施展，不容易败露。

世界历史上许多有权势的人物都能把这种规则运用得收放自如。在谈判桌上，基辛格常常用他枯燥的声音、麻木的表情，以及毫无意义的描述让对手感到厌倦。当对手变得困乏和丧失注意力时，基辛格会突然以一系列不客气的条件击倒对方，从而取得谈判的胜利。

在扑克牌游戏中，<u>真正的玩家总是不动声色的</u>，这样对手就无法揣摩他的心思和下一张牌。

美国前总统罗斯福在政治游戏中就是这样的一个玩家，他的脸部表情没有人能够看懂，因为他的脸上经常都没有表情。有人形容他"从来没有一张脸能够如此不动声色"。

18. 19世纪不可一世的商界大亨德鲁是掌握股票市场的大师。在他希望买进或卖出股票、操控行情上涨或下跌时，他很少采取直接的手段。他的策略之一是匆匆忙忙跑进华尔街附近一家只有会员才能进入的俱乐部，表现出匆忙赶去股票交易所的样子，然后掏出随身携带的红色丝巾手帕擦拭额头上的汗水。

　　这时会有一张纸从手帕中掉出来，他假装没有察觉。那些很想得知股票市场行情的俱乐部会员们兴奋不已，等德鲁一离开，他们就会扑过去争夺纸片，然后将上面记载的股票内幕消息传开。会员们会陆陆续续购买或抛售股票，而这一切正是德鲁设置圈套的目的所在。

　　有成熟的判断力就不会轻信别人。<u>世界上的谎言像空气一样无处不在，只是你没有发现罢了</u>。既然这样，就不要轻易作出判断，否则你将会陷入窘迫的境地，而且一旦如此就很难再有翻身的机会。

19. 智者总是尽力避免同那些阻碍他们成功的人打交道。其中包括那些缺乏幽默感或心态消沉的人，那些总是试图改造别人的人，那些会浪费他们时间的人。总之，错过和比我们高明的人交友的机会，实在是一种巨大的损失，避开那些"恶"人会避免许多麻烦和灾难，结交能使自己更完美的"善"人则能受益无穷。

20. 美国《幸福》杂志曾经在"征答栏"中征答一个问题：假如让你重新选择，你会做什么？

　　军界要人说他要到乡村开一家杂货铺；一位女部长说她要到一个风景优美的地方经营一家小旅馆；一位市长说自己最大的愿望是改行当摄影师；一位劳动部长说要当一位饮料公司的经理；而商人们的回答更让人大跌眼镜，有的想变成女人，有的甚至想变成一棵树，而老百姓恰恰相反，想当总统、想当商人、想变成有钱人。

　　这个征答结果出现了荒谬性。那就是世界上没有一份好工作，因为所有人都希望换一种活法。

　　<u>熟悉的地方是没有风景的</u>，这不错。但奇怪的是，那么多人竟然没有从工作中得到自己的快乐。他们想像中的快乐不在身边，而在别人那里。

21. 清朝康熙大帝在继位执政60周年之际，特举行"千叟宴"以示庆贺。在宴会上，康熙敬了三杯酒。第一杯敬孝庄皇太后，感谢孝庄辅佐他登上皇位，一统江山；第二杯酒敬众大臣和天下万民，感谢众臣齐心协力尽忠朝廷，万民府首农桑，天下昌盛；接下来，康熙端起第三杯酒说："这杯酒敬朕的敌人，吴三桂、郑经、葛尔丹，还有鳌拜。"宴会上的众大臣目瞪口呆。康熙接着说："是他们逼着朕建立了丰功伟绩。没有他们，就没有今天的朕。朕感谢他们！"

如果没有吴三桂这些敌人，康熙会有一番丰功伟绩吗？历史不能假设，但有一句话说得好，"<u>一个人的身价高低，就看他的对手</u>"。没有对手，你看不出自己的价值，显示不出你的能力。对手总会给你带来压力，逼迫你努力地投入到"斗争"中，并想办法成为胜利者。在同对手的对抗中，你才能真正磨练自己，就这层意义而言，你的对手是你前进的推动力，是你成功的催化剂。

22. 事实上并不是每个老板都会"杀功臣"，但功臣被"杀"，也总是有原因的。

就功臣这边来说，有的自以为帮老板打下了天下，自己可以握重权、领高薪，甚至威胁老板顺从自己的意志；有的因为功绩不凡，颇受下属爱戴，因而结党营私，向老板勒索权利；有的则不断对外炫耀自己的功绩，忘了老板的大价之身……

总之，功臣让老板产生威胁感、被剥夺感，老板自尊被损，又不愿功臣成为负担，于是不得不假借各种名目把功臣"杀"掉。

功臣不会必然被"杀"，但被"杀"的可能性永远存在。因此与老板共处得越久，危险性越大，不如在老板还珍惜你时，以最风光的方式离开，为自己寻找另一片天空！

23. <u>天底下只有一种能在争论中获胜的方式，那就是避免争论</u>。避免争

论，要像你避免响尾蛇和地震那样。

十之八九，争论的结果会使双方比以前更相信自己绝对正确。你赢不了争论。要是输了，当然你就输了；即使赢了，但实际上你还是输了。为什么？如果你的胜利，使对方的论点被攻击得千疮百孔，证明他一无是处，那又怎样？你会觉得洋洋自得；但他呢？他会自惭形秽，你伤了他的自尊，他会怨恨你的胜利。而且——

"一个人即使口服，但心里并不服。"

24. 人们常说"不要把你所有的鸡蛋放在一个篮子里"，这句话完全不对。其实正确的应该是：<u>要把你所有的鸡蛋放在一个篮子里，而且要紧紧地盯住这个篮子</u>。要四处看一看，不时地保持警惕。这样做的人很少会失败，因为要看住一个篮子或者是挎着一个篮子都是比较容易做到的。

在我们周围的人们却经常是尽力挎着好几个篮子，结果却打碎了大部分的鸡蛋。想一想吧，如果一个人要挎 3 个盛鸡蛋的篮子的话，他就得把一个篮子放在头上，而这个篮子在头顶上会很容易摇摇晃晃，他走起路来就极有可能摔跤。

25. 罗斯奇尔德有一句格言："<u>千万不要和不走运的人，或者不走运的地方沾上任何关系</u>。"也就是说，千万不要和一个从来没有成功过的人，或者地方有任何联系。因为，虽然这个人看起来也许既聪明又诚恳，但如果他尝试了种种方法之后依然一事无成，那一定是因为他具有某种你还没有发现的缺陷。

虽然你不知道这种缺陷到底是什么，但是它确实是存在的。

26. 在时机不成熟时，大家都知隐忍，这个道理很简单。可是要隐忍得不露痕迹，却不是人人都能做得到的。如果别人都看得出你在有意

"忍"，以图等时机成熟时"出手"，那么再周密的构想都会提前被人扼杀在摇篮之中。

27. "噢！戴蒙德，你根本就不知道你闯了多大的祸！"伊萨克·牛顿吃完晚饭回来，发现自己的狗把蜡烛打翻了，然后把他多年来计算的心血烧成了一堆灰烬。他镇静地走过去重新整理那些数据。就这一方面而言，这位杰出的人就已经超过了他所有的前辈和同时代的对手。

太阳已经升得老高，这时一个人跑到伯里克利（古雅典首领）家里企图辱骂他。当时这个人非常生气。他一股脑地倒出了心里的怨恨，语言非常恶劣，最后他说得筋疲力尽才停下来，这时外面已经天黑了。他转身准备回家，没想到这时伯里克利却叫来一个仆人，说："点盏灯来，帮这位先生回家。"我们还需要别的事实来证明伯里克利的优秀品质吗？

角斗场的斗士们在训练时都必须接受这样的训练：如果他们被征服了，怎样倒下姿势才优美，怎样死去才不失体面。他们按要求吃的食物能使他们血液变得更加黏稠，以便他们在受伤时不至于立即死去，这样就能让观众更长时间地欣赏他们痛苦的表情。他们接受的训练要求是：即便在遭受最痛苦的死亡过程时也要表现出最崇高的自我控制力。

如果一个人可以掌握自己，他就能战胜自己的感情，战胜周围的环境。自控力就像是一位将军，他能把一群乌合之众调教为一支训练有素的军队。粗鲁的人变成了有教养、有品格的士兵。

<u>如果一个人缺少自控，他就好像缺少一切</u>。没有自控力，一个人就没有耐心，没有掌握自己的能力；他不能自持，因为他总是受自己的情绪支配。

28. 我曾经与很多有失败经历的人交流过，在谈到他们过去的经历时，他们总是会说："我真的希望在最开始的时候坚持下来！"但是，当时他们认为自己前进得不够快，因此变得灰心丧气，停滞不前。

走回头路的人以及半途而废的人，绝对不会取得任何巨大的成就。他们总是干新鲜事，因此，他们的生活总是支离破碎，留下一堆没有彻底完成的工作。他们总是调头去干别的事情，遇到困难之后又会退缩。他们所走的路，无法使他们取得事业的成功，因为只有长时间的磨炼和经验的积累，才会到达成功的彼岸。他们干着艰苦的工作，然后，又半途而废，甚至没有品尝到自己所种下的种子结出的甜美的果实。

29. 面对自己的目标，重要的是不要灰心，不要放弃或停止脚步，也许你与自己的目标已近在咫尺。当格兰特身处夏伊洛的时候，他认为自己快要失败了，但他坚持了下来。就是这样的坚持，使他成为了那个时代最伟大的军事家。在夏伊洛战败之后，美国几乎所有的报纸都敦促他下台。林肯的一位朋友要求林肯把指挥权交给别人，但是面对这些请求，林肯说："我不能让这个人离开，他尽力战斗了。他会像牛头犬一样地坚持，一旦咬住，决不放松。"这就是一种坚韧，在别人身上找不到的坚韧。

牛头犬是各种犬类之中最令人畏惧的一种，因为一旦它咬住某个东西，想从它嘴里抢下来几乎是不可能的。

整个世界都会为这种牛头犬式的坚韧让路，因为别无选择。

30. 一位希腊的吹笛者在招收学生时，对那些以前被水平差劲的老师教过的学生要收双倍的学费，他这样做的理由就是：清除不良习惯，要比培养良好习惯更难。

每一位年轻人看到其他人迈出的人生第一步，就能意识到他们人生会有什么结局，可惟独对他自己却没有这种清醒的意识。他总会侥幸地认为，他一次小小的撒谎及搪塞根本不会让他变成一个说谎者；但，他却能够看到倘若别人这么做，那这个人肯定会成为一个说谎者。他能够意识到别人一旦懒惰，就等于走上了毁灭的道路；可碰到他自己出现同样的情形时，却意识不到这一点。

31.
一个懒惰的家伙曾经抱怨说，他不能为家人找到面包吃。一个诚实的劳动者说，我也找不到，所以我必须工作来赚取面包。

年轻的时候懒惰，长大了以后也必定是个懒人，就好像弯曲的树苗长大了也是一棵弯弯扭扭的树一样。懒惰能在人身上滋长，刚开始它像蜘蛛网一样脆弱，但后来它会像铁链一样坚固。如果你想一事无成，那么就从现在开始梦想着某一天你会成为一个大人物却什么也不干吧！懒惰总是让人觉得很随意，而贫穷不知不觉已经向你靠近。劳动后得来的空闲时间是美妙的，而因为无所事事得来的空闲却是一种负担。

年轻人，在你精力最旺盛的时期，你没有生活的负担，你吃着别人用汗水挣来的面包，你从来没有为社会贡献过微薄之力，你又是谁呢？

狄更斯说过："人类堕落的第一个外在表现就是他开始虚度光阴，他会毫无缘由地漫步在街角，他会到处闲逛，他会一面无所事事，一面琢磨着明天或后天要大干一场。"

<u>任何有劳动能力的穷人都是不值得可怜的。</u>

32.
一个一生中大部分时间都住在乡下的妇女，搬进了一个小城镇。她发现她在城里的房子是用电灯照明的，之前她从来没有见过电灯，对她来说，这个明亮度相当于 8 支蜡烛的灯泡，简直就是不可思议的东西。

有一天，一个人来到她家兜售一种新型的灯泡，并且提出要用他的 60 烛光的灯泡替换她屋里原来的灯泡，这主要是为了向她演示 60 烛光的灯泡的功效。妇女同意了。当电灯被打开时，她站在那里惊呆了，这对她来说简直就是奇迹，这么小的一个灯泡能发出如此的光芒，简直就像太阳一样。她从未想到，那个供给 8 烛光灯泡的电流还可以点亮一盏 60 烛光的灯泡！

有很多人对待自己的能力，就像这个妇女看待电流的能量一样无知。

这些人所发挥出来的能量，就像那个妇女所利用的电流一样微薄。

无穷的财富就像小溪一样从人们的门前流过，小溪里面包含着很多大家梦寐以求的好东西，由于眼光的局限，本来他们可以获得很多好东西，但实际上他们只得到了一点点儿。

33. 寻求自重感的欲望是人与动物的主要区别之一，如果我们的祖先没有这种自重感的冲动，就不存在文化了。假如没有自重感的渴求，历史上就不会出现那么多伟大或显赫的人物。这个欲望激励林肯研读法律，当上美国总统；同样，这个欲望激励狄更斯写出他不朽的小说；也是这个欲望使洛克菲勒赚到了他一辈子也花不完的钱……自重感激励许多人成名，而名人仍为自重感挣扎着。历史上布满了这样有趣的例证：华盛顿更愿意被称为"至高无上的美国总统"；哥伦布请求得到"海洋大将印度总督"的头衔。因此，如果你想让别人做事，就必须"诚于嘉奖，宽于称道"。

34. 《圣经》告诉我们，要教导孩子走其应走的路。它又说："不要激恼你的孩子，以免使他气馁。"训练是必要的，但是了解、爱和鼓励也很有用。

一个男孩在他家里发现了几瓶彩色墨水，他母亲出去了，留下他来照顾他的妹妹莎莉。那些瓶子是一种诱惑，于是这男孩子开始画起莎莉的肖像。这样做之时，他把地板与祖传家具都洒上墨水污渍，使家里变得脏乱不堪。当他母亲回来时，她看到了一片脏乱，然而也看到了那张图画。她对于墨水污渍不置一词，却说道："啊，那是莎莉！"然后她弯下腰来亲吻了她的儿子。那男孩——本杰明·威斯特，后来成为一个举世知名的画家，他常常骄傲地说："我母亲的亲吻使我成了画家。"她的鼓励比任何谴责更为有效。我们，同样的也需要在各种情况下，超然无视于脏乱而看到美景。

35. 经济是基础，无论做什么，都需要财力的支持，抛开财力谈致富、谈创业，无疑是想像出来的空中楼阁。我们的社会对此已经有了清醒的认识，经济学家叫做前期投入，有投入才能有产出，才能赚钱。即使我们个人要开一家餐馆、一家发廊，首先就得有本钱，如果连这点财力都不具备，还奢谈什么成功呢？

贫困阶层是社会的最底层，他们长期生活在贫困之中，不但缺少奋斗拼搏赚钱的起码资本，甚至在贫困的重压下丧失了拼搏进取的能力，以致于丧失信心和勇气，他们的人生依然是苦难的人生。

我们知道了财力的变化和作用，就不难理解这样一个道理：<u>越有钱的人赚钱越容易，钱越少的人赚钱越难</u>。如果处于贫困线以下，衣食无着，赚钱就更难了，这就是俗语说的"富者愈富，穷者愈穷"。

财力虽然不是我们最终的人生目的，但在实际生活中，财力却是我们获得感官快乐和社会地位的手段。

36. 有一天，美和丑在海边邂逅，他们互相怂恿："咱们到海里去游泳吧。"于是他们脱下衣衫，到海里游泳。过了一会儿，丑回到海岸上，穿上本来属于美的衣衫，径自走他的路了。接着美也从海里出来了，找不到她自己的衣衫，她又太羞怯，不敢赤身裸体，于是她只好给自己穿上本来属于丑的衣衫。美也径自走她的路了。所以直到今日，世上的男男女女，错把丑当做美、美当做丑。然而，有些人看见过美的真面目，尽管她穿错了衣服，他们还是能认出她来。有些人认得丑的真面目，衣衫蒙骗不了他们的眼睛。

37. 《莫斯科时报》曾刊有一则报道，报道里提到，有一年，俄罗斯总统叶利钦决定，这年夏天要在邻近荷兰的度假胜地卡雷利阿的北部度假，而且在这段休息的时间内，他每天都会去钓鱼。

接到消息的当地官员，为确保总统能够钓到鱼，便暗中在乌克苏泽罗湖里放入 10000 条鱼。

这个消息是卡雷利阿渔业委员会的一名官员透露的，他说："这是本地政府为确保总统能愉快地度假，要求我们做的。"这名官员还得意地说："其实，叶利钦总统一点也不善于钓鱼。不过，第一天他居然钓了 20 多条鱼，第二天他更是钓了 30 多条，这样的钓鱼技术令当地的渔民惊讶不已，也获得众人一致的赞美。"

当然，关于这个安排，叶利钦本人事先毫不知情，因此为自己的杰出表现感到沾沾自喜。

这就像老布什总统卸任后，有一天突然有感而发地说："自从卸职后，我才发现，比我会打高尔夫球的人居然这么多。"

38. 单纯是灵魂中一种正直无私的品质。与真诚比起来，单纯显得更高尚、更纯洁。

许多人真挚诚恳，但却不单纯。他们怕遭人误解，惟恐自己的形象受到损害。他们时时关注自己，反躬自省，处处斟辞酌句、谨慎小心。待人接物他们总担心过头，又怕有所不足。这些人真心诚恳，却不单纯。他们难以同人坦然相处，别人对他们也小心拘谨。他们的弱点在于不坦率、不随意、不自然。而<u>我们宁愿同那些谈不上多么正直多么完美，但却没有虚情矫饰的人结交相处</u>。这几乎已成为世人的一条准则。

39. 有一个著名的实验：给两个人 100 元，由甲决定自己拿多少，乙决定自己是否接受甲的分配方案。如果乙接受甲的分配方案，则双方按照方案各拿各的钱；若乙不同意甲的提议，则两个人都一无所获。

如果按照利益最大化的选择自己拿 99 元，给乙 1 元，而且告诉乙应该接受这个提议，毕竟得到 1 块钱比没有钱要好，但现实的情况是，这样的提议往往要遭到乙的反对，而使两个人什么也得不到。甲这样的提议是把档次拉得太大，它使乙非常气愤而加以反对，宁可自己得不到这

1元钱，也不让甲得到那99元。因为乙觉得这种分配方案虽然能够给自己带来1块钱的好处，但不公平程度太高，所以宁可不要这1块钱，也不让甲"吃独食"。乙这样做不仅考虑了利益问题，还着重考虑了公平问题。

在这个实验中，双方都能够得到钱而且都很高兴的分配方案，是甲提出来两人平分，这是最公平的分配。但大多数人的方案都在70∶30和60∶40之间，很少有人提出99∶1的方案。这说明作为甲的一方，除了考虑自己的福利增加问题之外，也还得慎重考虑公平问题，也就是权衡对方能够接受的不公平程度。

因此，<u>要真正地实现自己的利益最大化，仅有利己是不够的，还必须利他</u>。

40. 要是火柴在你的衣袋里烧起来，那你应当高兴，而且感谢上苍：多亏你的衣袋不是火药库。要是有穷亲戚到别墅来找你，那你不要脸色发白，而要喜气洋洋叫道："挺好，幸亏来的不是警察！"要是你的手指头扎了一根刺，那你应当高兴："挺好，多亏这根刺不是扎到眼睛里！"

如果你不是住在边远的地方，那你一想到命运总算没有把你送到边远的地方去，你岂不觉得幸福？要是你有一颗牙痛起来，那你就该高兴：幸亏不是满口牙痛起来。要是你被送到警察局去了，那你就该乐得跳起来，因为多亏没有把你送到地狱的大火里。要是你挨了一顿桦木棍子的打，那就该蹦蹦跳跳，叫道："我多走运，人家总算没有拿带刺的棒子打我！"要是你的妻子对你变了心，那就该高兴，多亏她背叛的是你，而不是国家。

本章精义

1. 不与小人决斗
2. 革命尚未成功，同志仍须寂寞
3. 因为放不下，所以无法解脱
4. 最后一段路往往是最艰苦难行的
5. 真正的玩家总是不动声色的
6. 谎言无处不在
7. 远离不走运的人
8. 任何事物我们只能了解到它的1/8。它有如露出水面之冰山，虽唾手可得，但也是冰山一角
9. 任何有劳动能力的穷人都是不值得可怜的
10. 在同对手的对抗中，你才能真正磨练自己
11. 真正聪明的人宁愿让人们需要，而不是让人感激

卷六 习惯就是命运

changes your life the secret

1. 20世纪30年代，德国的一个小镇上，有一个犹太传教士，每天早晨总是按时到一条幽静的小路上散步。不论见到谁，他总会热情地打一声招呼：早安！

小镇上一个叫米勒的年轻人，对传教士每天早晨的问候，反应很冷淡，甚至连头都不点一下。然而，面对米勒的冷漠，传教士未曾改变他的热情，每天早晨依然给这个年轻人道早安。

几年以后，德国纳粹党上台执政。传教士和镇上的犹太人，都被纳粹党集中起来，送往集中营。下了火车，列队前行的时候，有一个手拿指挥棒的军官，在队列前挥舞着指挥棒，叫道："左、右。"指向左边的将被处死，指向右边的则有生还的希望。轮到点传教士的名字了，他无望地抬起头来，眼睛一下子与军官的眼睛相遇了。传教士不由自主脱口而出："早安，米勒先生！"

米勒虽然板着一副冷酷的面孔，但仍禁不住说了一声："早安。"声音低得只有他们两人才能听得到。然后，米勒果断地将指挥棒往右边一指。

2. 狄奥尼西斯·拉多纳博士生于1793年，曾任伦敦大学天文学教授。他的高见是："在铁轨上高速旅行根本不可能，乘客将不能呼吸，甚至将窒息而死。"

1786年，莫扎特的歌剧《费加罗的婚礼》初演，落幕后，拿波里国王费迪南德四世，坦率地发表了感想："莫扎特，你这个作品太吵了，音符用得太多了。"

国王不懂音乐，我们可以不苛责，但是美国波士顿的音乐评论家菲力普·海尔，于1873年表示："贝多芬的第七交响乐，要是不设法删减，早晚会被淘汰。"

　　法国小说莫泊桑，曾被人批评为："这个作家的愚蠢，在他的眼睛上表露无遗。那双眼珠，有一半陷入上眼皮，如在看天，又像狗在小便。他注视你时，你会为了那愚蠢与无知，打他一百记耳光仍觉得吃亏。"

　　英国作家王尔德，也以似通不通的修辞技巧，批评萧伯纳说："他没有敌人，但是他的朋友都深深地恨他。"

　　思想家卢梭 54 岁那年，即 1766 年，被人讽刺为："卢梭有一点像哲学家，正如猴子有点像人类。"

　　每一个人，无论是贩夫走卒还是英雄人物，总有遭人批评的时刻。事实上，<u>越成功的人，受到批评就越多</u>。只有那些什么都不做的人，才能免除别人的批评。

3. 有人向世界歌坛的超级巨星卢卡诺·帕瓦罗蒂讨教成功的秘诀。他每次都提到自己问父亲的一句话。师范院校毕业之际，痴迷音乐并有相当音乐素养的帕瓦罗蒂问父亲："我是当老师呢，还是做歌唱家？"其父回答说："<u>如果你想同时坐在两把椅子上，你可能会从椅子中间掉下去。生活要求你只能选一把椅子坐下去。</u>"

4. 曾国藩带湘军围剿太平军时，清廷对其有一种极为复杂的态度：不用这个人吧，太平天国声势浩大，无人能敌；用吧，一则是汉人手握重兵，二则曾国藩的湘军是其一手建立的子弟兵，怕对自己形成威胁。在这种指导思想作用下，对曾国藩的任用上经常是用你办事，不给你实权。苦恼的曾国藩急需朝中重臣为自己撑腰说话，以消除清廷的疑虑。

　　忽一日，曾国藩在军中得到胡林翼转来的肃顺的密函，得知这位精明干练的顾命大臣在慈禧太后面前荐自己出任两江总督。曾国藩大喜过望，咸丰帝刚去世，太子年幼，顾命大臣虽说有数人，但实际上是肃顺独揽权柄，有他为自己说话，再好不过了。

曾国藩提笔想给肃顺写封信表示感谢。但写了几句，他就停下了。他知道肃顺为人刚愎自用，很有些目空一切的味道，用今天的话来说，就是有才气也有脾气。他又想起慈禧太后，这个女人现在虽没有什么动静，但绝非常人，以曾国藩多年的阅人经验来看，慈禧太后心志极高，且权力欲强，又极富心机，肃顺这种专权的做法能持续多久呢？慈禧太后会同肃顺合得来吗？

思前想后，曾国藩没有写这封信。

后来，肃顺被慈禧太后抄家问斩。在众多官员讨好肃顺的信件中，独无曾国藩的只言片语。

5. 想打击一个人，损害一个人，从正面进攻，不易得手，而且担心成本过高——"杀人一万，自损三千"。不如故意张扬他，放纵他，让他飞起来，跑起来，得意忘形，无所顾忌。这时候，他就成了你瞄准的一个目标。甚至于，还不等你扣扳机，他自己立足不稳，一头栽下来了。

所以小人在害人的时候，一般都是：故意吹捧某个人，夸大他的才能和品行，使他得到的声誉远远超过实际。久之，别人发现此人名不符实，对他的看法便就此走向反面。

这就是所谓的"捧杀"——<u>用补药杀人，比用毒药杀人更毒辣</u>，而且没有后遗症，最高明的法医也查不出谋杀动机。

6. 一个人头脑聪明本领大，当然是好事，脑瓜子笨一点能力差一点也没有关系，只要有必胜的信念，只要有决不放弃的原则，照样能成为一个优秀的人物。

你看《西游记》中的唐僧，除了念经打坐，没看见他有多大能耐。降妖捉怪他不会，提个包挑个担什么的，他也消受不起，简直就是手无缚鸡之力。可他有信念，无论前途有多少艰难险阻，他仍是硬着头皮一路向西；他也有原则，"走路恐伤蝼蚁命"，一言一行不失佛家本色。这

"西天取经"的伟大事业，离了唐僧就玩不成了。

比如，按孙悟空那套搞法行吗？他本事不小，就是变化太多，动不动就仗着本事闹情绪，受了一点委屈就撂挑子，跑到花果山当"山大王"去。猪八戒也是个有本事的主，就是怕苦怕累，遇到一点困难就想分行李，按他那套搞法，大家早就回家种地抱孩子去了。沙和尚也有本事，就是心里没谱，这也可以，那也可以，若有人说西土去不得，他也许就跑到东土取经去了。

无论个人还是团队，信念和原则都是最后底线。<u>只要信念和原则没有失去，无论前途多么艰险，毕竟有路可走。</u>一旦突破这个底线，便陷身于世俗的荒漠，将彻底迷失方向。

7. 台湾名作家刘墉，某日到一位教授家拜访，适逢教授的一位朋友去还钱。那人走了之后，教授就拿着钱感叹说："失而复得的钱，失而复得的朋友。"

刘墉听了，不解地问后一句话的意思。

教授说："我把钱借给朋友，从来不指望他们还。因为我想，如果他没钱而不能还，一定不好意思来；如果他有钱而想赖账，也一定不好意思再来，那么我吃亏也就一次，等于花点钱，认清了一个坏朋友。谈到朋友借钱，只要数目不太大，我总是会答应的，因为朋友应该有通财之谊。至于借出去之后，我从不去催讨，因为这难免伤了和气。因此每当我把钱借出去时，总有既借出钱又借出朋友的感觉，而每当他们把钱还回来时，我便有金钱与朋友一起失而复得的感觉。"

8. 喜怒无常常被人形容为无道昏君的典型性格。事实上，这正是君主高明之处。他们有时把刺杀过他们的仇人任为高官，有时把自己最亲密的朋友残酷杀害，有时你吹捧他他会很高兴，有时你赞美他却可能被杀头。君主这种"神秘叵测"的特性，源于对皇权垄断的特别占有欲，及对这种极端权力所产生的高度恐惧感。在封建社会君臣关系已完全被利害、血泪、仇杀所笼罩时,制度化的力量,道德伦理的制约作用,已变得微乎其微,只有依赖这种残酷、无常的皇权来控制了。

对于做大事的人来讲,宁让人憎恶而恐惧,也不让人夸奖而轻视。他们将臣属视为草芥,顺我者昌,逆我者亡,难以容忍臣属拥有自己的独立人格和个人主见。对于喜怒无常的君主来说,臣属更是他们滥施淫威、肆意凌辱的对象,臣属动辄得咎,战战兢兢,如履薄冰。

他这看似无理的行径,其实自有更深层的考虑,他宁肯让人们认为他喜怒无常而惧怕他,也不让人们揣摩透他的心思而为所欲为。

9.

《资治通鉴》里的一段对郭子仪的评价:"天下以其身为安危者殆三十年,功盖天下而主不疑,位极人臣而众不嫉,穷奢极欲而人不非之"。此三句,古往今来多少人欲求其一而不得,郭子仪却囊括了。

郭子仪59岁当了天下兵马副元帅,曾平定了"安史之乱",保住了李唐江山,居功至伟。后来的吐蕃入侵、藩镇作乱,都全仗郭元帅东征西讨,肃宗、代宗、德宗三代皇帝都靠他撑门面。官大得没法再大了,威望高得无以复加,可是,郭子仪居然安安稳稳活到85岁。

皇帝对郭子仪并不是没有戒心,只是郭子仪善于打消他的戒心。比如,有人告郭子仪谋反,皇帝就下诏要他从前线赶回。不管他在哪里,一接到通知立马就动身,"朝闻命,夕引道",不带兵卒以最快的速度跑到皇帝跟前,皇上一看,这哪像谋反的样子啊?以后别人谁告郭子仪谋反他也不信了。

郭子仪都七八十岁了,身边还姬妾成群倚红偎翠,这是为了向皇上和外人表明自己没有政治野心。平常谁来都可以见到他身边的娇姬美妾。

其实无论是历史上还是现实生活,都要记住:势不可用尽,功不能独享。百尺竿头,更进一步,那是相对于仍处弱势时渴求进步的一种做法。但是在一个圈子里相对而言达到了一定的高度,百尺竿头就不能再进一步了,月盈则亏,水满则溢,此乃天道。

10. 没有任何一个行为标准是不可更改的，只看是否适合你自己。要成为一个完整的、受人尊重的人，首先要确立属于你的自我形象。

不可随波逐流、任意浮沉于某些人的标准，如果你过分在意这些人的看法，总是担心他们给你的评价，只会令你的自尊越来越低。属于你的自我形象，便永远一片模糊。发展并确立属于你的自我形象，让自己成为独特的人，生命的意义便呈现出全新的风貌。

11. 因为不知道，所以勇敢，万丈深的沼泽地也敢跨越；因为知道，一尺深的水池却寸步难移。这种"知道"，是不是一种负担？

<u>经验有时就是负担，因为它教会我们"不敢"。</u>

其实，人们有很多时候不敢去尝试，在他们的心中很多经验告诉他们那是不可能的，所以他们放弃了本来属于他们的成功，尽管那只是需要一小步。

是啊，成功和失败之间就隔着一道虚掩的门，以小小的勇气去推开它，生活就会完全不一样。

12. 曾有一个中国妇女，想随留学的儿子到美国，于是她到美国移民局申请绿卡。可她只会用英语说"你好"、"再见"。

她的申报理由是有"技术专长"。移民官看了她的申请表，问她："你会什么？"她回答说："我会剪纸画。"说着，她从包里拿出一把剪刀，轻巧地在一张彩色亮纸上飞舞，不到3分钟，就剪出一群栩栩如生的动物图案。

移民官瞪大眼睛，像看变戏法似的看着这些美丽的剪纸画，竖起手指，连声赞叹"OK"。

她就这么"OK"了。令旁边和她一起申请而被拒绝的人又羡慕又嫉妒。

美国是一个十分注重功利的国家，你要对美国的社会经济发展有益，美国才会接纳你。你在美国拿绿卡，只有两种人可以：一种是来美国投资或消费；另一种人，就是有技术专长。

因为在美国，只有对社会有利的人才会被重视，你有技术专长，而且你所有的正是他们所没有的，你的地位和贡献便会突现出来。因此，他们就会欢迎你的加入。

在美国，你可以不会管理，你可以不懂金融，你可以不会电脑……甚至，你可以不会英语。但是，<u>你不能什么都不会！你必须得会一样，你要竭尽全力把它做到极限</u>。这样，你就会永远OK了！

其实，在世界其他地方也同样，无论你是在财力，还是在能力方面，只要有一项极为突出的表现，都会立于不败之地。

13. 一个人对琐事的兴趣越大，对大事的兴趣就会越小，而非做不可的事就越少，越少遭遇到真正的问题，人们就越关心琐事。这就如同下棋一样，和不如自己的人下棋会很轻松，你也很容易获胜，但永远也长进不了，而且这样的棋下多了，棋艺会越来越差，所以好棋手宁可少下棋，也尽量不与不如自己的人较量。

美国哲学家威廉·詹姆士曾说："明智的艺术就是清醒地知道该忽略什么的艺术。"他的言下之意就是，不要被不重要的人和事过多打搅，因为成功的秘诀就是抓住目标不放。很多人都想成为一流的人，有一流的事业、一流的思想、一流的生活，但遗憾的是，很少有人能像一流的人那样做事。

<u>不值得做的，千万别做</u>。因为不值得做的事，会让你误以为自己完成了某些事情。你消耗了大量时间与精力，得到的可能仅仅是一丝自我安慰和虚幻的满足感。当梦醒后，你会发现该做的事一件都没有做，而自己却已经疲惫不堪了。

14. 所有人都希望能遇到很多机会。有机会好，有更多机会更好，似乎

成为我们的共识。可是，美国斯坦福大学和哥伦比亚大学最近做了一项很有意义的试验，试验结果表明，在每一个人面前，机会越多，反而会造成严重的负面结果。

第一次试验是由美国斯坦福大学一位教授指导做的。他首先让一组10个人在6种巧克力面前选择自己喜欢的巧克力，然后他又让另一组10个人在36种巧克力面前选择自己喜欢的。当教授问两个小组满意度的时候，让教授感到特别意外：后一组居然都不满意自己的选择，认为自己应该多选择，为没有找到理想的巧克力而后悔。

通过这一实验表明，有太多的选择机会和太多的目标，很容易让我们对自己的选择持怀疑态度。同样，诸如求职，在你面前机会很多，等待你的选择；诸如意见，在你面前有上千条宝贵建议，等待你的采纳。因为在你的面前有很多的机会，你可能踌躇了。

其实很简单，在生活中，千万别认为机会越多越好，往往会适得其反。仁者见仁，智者见智，人多了，意见也多了，看待问题的角度也多了，所以当你的面前有一条路时，或许你会很坚定地走下去，最终到达了目的地。

但当你有很多机会时，或许你会与成功失之交臂，因为你很多时间里是犹豫的，而机会经常在犹豫中失掉。

15. 对于大多数人来说，被动的生活已经变成了一种无意识行为，我们像牛一样被各种各样的事情牵着鼻子向前走，但由于被牵得太久了，就忘了我们是被牵着鼻子在生活，有时候不被牵着还感觉不舒服。

比如，我们每天晚上的大部分时间都被电视机所消灭了，我们打开电视，不断地换着频道，很少能看到实实在在的有意义的节目，整整一个晚上的宝贵时间就这样被浪费掉了，到最后很多人都得了电视被动症。虽然在电视上学不到任何东西，但是离开了电视又感觉活不下去。假如有一天晚上突然停电，看电视已成泡影，我们就像没了魂的幽灵，整个晚上晃来晃去不知所措。

另外，就是现在的上网或网上的聊天，和电视对我们造成的伤害几乎一样，我们有事没事就上网浏览，东翻西看，或者和一些毫不相关的人在网上瞎聊，经常聊了半天连对方是男是女还不知道，结果一晚上的时间就白白浪费掉了。最后回忆一下，既没有知识和智慧的收获，也没有真实的感情收获，但第二天熬不住又继续上网，就这样，生命被不知不觉消耗掉了。

在英语中有一个词用得很形象，把对人没好处但又能牵着鼻子走的东西叫"hookedon"，意思是被勾住了，就像一头猪被勾住了，那么离被屠杀的时间也就不远了。

16. 时间到底是善良的，还是邪恶的魔术师呢？都不是，时间只是一种简单的乘法，使原来的数值倍增而已。开始变坏的米饭，每一天都不断变得更腐朽；而开始变醇的美酒，每一分钟，都在继续增加它的芬芳。

在人生中，我们也曾经看到天真的少年一旦开始堕落，便不免愈陷愈深，终于变得面目可憎了。但相反的是，时间却把温和的笑痕、体谅的眼神、成熟的风采、智慧的神韵添加在那些追寻善良的人身上。

同样是煮熟的米，馊饭与美酒的差别在哪里呢？就在那一点点酒曲上。

同样是父母所生的，谁堕落如禽兽，而谁又能提升为完美的人呢？是内心深处，紧紧抱住不放的，求真求善求美的渴望。

17. 空白的墙是空的吗？不一定。

巴黎罗浮宫内的那面空白的墙就曾吸引过无数的游客——因为，就是在这面墙上，曾悬挂过达·芬奇的《蒙娜丽莎》！可是，天有不测风云，1891年的一天，这幅名画却被人偷走了。

打那天起，这面空墙也变得人如潮涌，人们久久地看着空墙，感叹着、猜测着、遗憾着。据统计，两年来在空墙前驻足留连的人，竟然超过了过去 12 年来观赏名画的人数的总和！

这不能不说是个奇迹！

人们常常留恋一些失去的东西，不断地在回忆中给失去的东西涂抹色彩，使其在自己的想像中更加完美。

18. 世上有许多人，你可以说他是随便什么东西，例如是一种职业，一种身份，一个角色，惟独不是他自己。如果一个人总是按照别人的意见生活，没有自己的独立思考，总是为外在的事务忙碌，没有自己的内心生活，那么，说他不是他自己，就一点儿也没有冤枉他。因为确确实实，从他的头脑到他的心灵，你在其中已经找不到丝毫真正属于他自己的东西了，他只是别人的一个影子和事务的一架机器罢了。

在茫茫宇宙间，每个人都只有一次生存的机会，都是一个独一无二、不可重复的存在。正像卢梭所说：上帝把你造出来后，就把那个属于你的特定的模子打碎了。名声、财产、知识等等是身外之物，人人都可求而得之，但没有人能够代替你感受人生。你死之后，没有人能够代替你再活一次。如果你真正意识到了这一点，你就会明白，活在世上，最重要的事就是活出你自己的特色和滋味来。你的人生是否有意义，衡量的标准不是外在的成功，而是你对人生意义的独特领悟和坚守，从而使你的自我闪放出个性的光华。

在历史上，每当世风腐败之时，人们就会盼望救世主出现。其实，救世主就在每个人的心中。耶稣是基督教徒公认的救世主，可是连他也说："如果一个人得到了整个世界，却失去了自我，又有何益？"

19. 《生活》杂志上曾刊载过"报复会毁了人的健康"的文章。它是这样说的："高血压患者最主要的个性特征是容易仇恨，长期的愤恨造成慢性心脏病，导致高血压的形成。"

当耶稣说："原谅他们 77 次。"不只是道德上的训诫、宣扬，同时也是一种养生之道。他无异是在告诉我们如何避免高血压、心脏病、胃溃疡以及过敏性疾病。

仇恨最容易损害一个人的容颜，会让我们面对山珍海味也没有丝毫胃口。如果我们的仇人知道因对他们的仇恨而消耗我们的精力，使我们精疲力竭、社会关系恶化，搞得我们心脏发病、未老先衰，难道他不会因此拍手称快吗？

憎恨伤不了对方一根毫毛，却把自己的日子弄得像地狱一般。

有人问艾森豪威尔将军的儿子，他父亲是否也曾憎恨过一些人。他当即回答："没有，我父亲从不浪费一分钟去想那些他不喜欢的人。"

永远不要尝试去报复我们的敌人，那样对自己的伤害将大大超过给予他人的。决不要把时间浪费在仇恨上，哪怕一秒钟。

20. 美国是个讲究平等自由的国家，对任何人公然的歧视都有可能引来法律的麻烦。但是在美国的军队里，军官有军官的俱乐部，士兵有士兵的俱乐部，泾渭分明。不同军衔的人进各自不同的门，从来不会混淆，理所当然。

一个军官，如果让士兵看到你喝得烂醉、东倒西歪，还被几个女子嘻嘻哈哈地推来搡去，第二天，他还怎么能在士兵面前厉声训斥而不被觉得滑稽可笑呢？

距离产生威严。

仰视一旦变成平视，那么俯视就不可避免。而俯视是极可能导致藐视和鄙视的。

再伟大的人其实都是凡人，都有平庸琐碎的一面，要让人对你保持敬畏，最稳妥的办法就是只让人看到应该看到的。

21. 如果说学坏既快又容易的话，值得庆幸的是，人类向好的方面学习也是比较容易的。许多平凡的人在遇到令他们钦佩不已的人时，深受感动，从此会努力培养出同样的美德。

查理·金斯利说："如果一个人与谎言家在一起，他就会谎话连篇；如果一个人与嘲弄者在一起，他会总在冷嘲热讽；如果一个人与仁爱的人在一起，他也会满怀爱心。"

良师益友的鼓励，对于许多人来说，往往是人生的一个转折点。一个表现平平的学生，在洞察力敏锐的教师的精心调教下，会从失败和沮丧中振作起来，脱颖而出。

22. 在人生中，妻子是青年时代的情人，中年时代的伴侣，暮年时代的守护。所以在男人的一生中，只要有合适的对象，任何时候结婚都是有道理的。

但也有一位古代哲人，对于人应当在何时结婚这个问题是这样说的："年纪小时还不应当，年纪大时已不必要。"

23. 凡事要使之完美后再供人欣赏。万事开端都不成形状，此时随便示人，给人留下的永远是残缺的形象。即使在完成它后，如果想它曾是一件不完美的事物，也会使我们大倒胃口。即使参观一道最可口的菜的烹调过程，也会使你倒胃口，真正的大师很细心，不让他们正在进行中的工作被人看。只要你的作品入眼尚不美好，就不要拿给别人看。

24. 紧张劳作之后，稍微休息一下，放松一下，然后再继续工作。纯粹的休息或无所事事，只能使人空虚郁闷、寂寞无聊。就像暴饮暴食之后，人会感到十分难受，过度的悠闲对于身心健康没有什么好处。无论是无所事事的富人，还是游手好闲的穷人，他们都一样过着空虚寂寞、抑郁苦闷的日子。一个人一旦脱离了劳动，就会错过感受幸福的机会。

有一位40多岁的乞丐，总感到精神空虚，最后在法国的布尔热监狱呆了8年。他在自己的身上纹了这样一句话:"过去欺骗了我,现在折磨着我,未来还会恐吓我。"也许,这句话说出了天底下所有好逸恶劳者的心声吧。

25. <u>完美靠的是质量而非数量</u>。世上的好东西时常少而难求,过多必无益。就拿人来说也是如此:伟人们往往是矮子。有的人赞扬一些书,只是因为这些书是庞然巨著,好像它们之所以被写出来不是为了锻炼我们的智力而是为了锻炼我们的臂力。只靠广博则难免成为平庸之辈,所谓通才总想在学业上门门皆精,结果却常常是门门皆松。

26. 最明智的选择是沉默和寥寥数语,这会使你的对方变得紧张起来,因为他不知道你会采取什么措施,他很快就会沉不住气了,他会轻率地采取自卫措施,他会一跃而起,慌慌张张地以各种评论来代替沉默,这样你就能轻而易举地看出他的弱点,给予决定性的一击。而且,让别人口若悬河而自己沉默寡言,等交谈结束后,与你交谈的人才会发现自己暴露了无数的思想,那感觉就像遇上抢劫。于是,不甘心的他们会在脑袋里重现你说的每一句话,并且时时刻刻努力推敲,他们会以为你简短的几句话蕴含着深意。这种对你简短意见的特别关注在无形中会增强你的力量,因为他觉得你说的每一句话都有分量,都有可能起决定性的作用。

  如果我们翻开历史书,你就会发现,<u>几乎所有威震一方的霸王都是沉默寡言的,有的甚至倾向于孤僻</u>。正是这种沉默使他变得威严强大,从而使他的臣下对他死心塌地、敌人对他望而生畏。

27. 在基督教经文中有句话非常经典:"罪过会自己找上门来。"看清楚,不是我们的罪过终将败露,而是我们自己终会得其报应。罪人终得恶报，而在所有的罪孽当中，最逃脱不过的是对纯洁的背弃。

据说，对恶行的记忆将深深烙在人的头脑中，一直到生命的尽头。<u>一旦犯下罪过，一辈子都挥之不去</u>，因为你的性情已经被侵蚀。年轻人尤其容易沾染恶习，因为他们想象力丰富，即使是很隐晦的暗示也能轻易地进入他们头脑中生根发芽。

我们的审判记录显示，有很大比例的犯罪分子，是因为在不良团体中受到堕落风气的腐蚀后，才开始走下坡路的。

要记住，曾经做过的错事或犯下的罪恶会对你的一生有深远的影响，没人能负担得起。眼前的一时纵容将来很可能就是你成功路上的绊脚石。

28. 有一次，拿破仑·希尔碰到一个在纽约市中心一家办公大楼里开货梯的人。他注意到那人的左手齐腕断了，就问他少了那只手会不会觉得难过。他说："噢，不会，我根本就不会想到它。只有在要穿针的时候，才会想起这件事情来。"

也许我们这些有着正常、健康躯体的人很难体会，但是，事实就是如此；在已经发生不能改变的情况下，这些人都会很快地接受，或者让自己适应新的情况，或者干脆忘了它。

29. 有一位保险行业的销售冠军，在接受采访时，被问到如何销售保险时回答说："那是因为在大学的时候，全校几乎所有的美女都跟我约会过。"问的人当然纳闷："这跟保险有什么关系？"销售冠军回答说："关系可大着呢！因为所谓的校园美女，大部分的男士都不敢追求她们，她们都是被动的，都怕被拒绝。所以，我的邀请每次都被她们接受了。"他知道，这些美女都是很寂寞的，他不断地主动出击，因此每次都奏效。

正因为如此，所以当他从事保险业的时候，他想，那些社会上的成功人士会不会就像学校的美女一样，大家一定都不敢去拜访，或者认为他们已经买了保单。那我何不主动出击呢？于是，在他的不断拜访下，董事长们购买保单之后，又介绍身边的朋友给他，而朋友们再介绍朋友给他，因此他很快就成为了保险业的佼佼者。主动积极地拜访别人，因为他们可能正在等待你的来访。

本章精义

1. 只有什么都不做的人，才能免受批评
2. 原则是最后的底线
3. 宁可让人憎恶而恐惧，也不让人夸奖而轻视
4. 你不能什么都不会
5. 距离产生威严
6. 用补药杀人，比用毒药杀人更毒辣
7. 绝不要把时间浪费在仇恨上，哪怕一秒钟
8. 机会越多，反而越不易成功

卷七 心态决定成败

changes your life the secret

改变你一生的秘密

1. 人一旦与众不同，必然招致注意，那些注视你的眼光有好奇，有敬佩，也有嫉妒和仇视。你要允许人家仇视，你占有了更多的资源和财富，别人的所得相对来说就少了。大家都是人啊，人人生而平等，为什么你该吃海鲜，他该吃泡菜？你可以举一万条理由来说服他，道理他是懂了，心理还是不平衡。就像一个戴了绿帽子的老公，事情再合理，他还是难受。

所以，你应该理解，你面对的人是形形色色的，有战友、有敌人，还有观众和过客。对于战友来说，过分的张狂等于藐视他的存在，久而久之，必将导致疏远；对于敌人来说，张狂就是公然的挑衅，必然引起回击；而观众和过客，虽然没有直接的利害关系，但人都是同情弱者的，张狂使人感到威胁，人心理上就会产生排斥。

张狂就是目中无人，张狂就是自我膨胀，张狂的结果，是你自己受伤。

2. 英国人哈兹立特有句话："偏见是无知的孩子。"说得一点都不错。"人"扁为"偏"，人一旦有了偏见，就会把"人"看"扁"，也就有了"偏"。偏见，就是这样，在有意无意中影响着我们。一个人身体上有病，吃药打针也许就能痊愈。但是，如果有了偏见，就像有了毒素，则会病入膏肓，不复救药了！

有一位先生初到美国不久，某个早上到公园散步，看到一些白人坐在草坪上聊天、晒太阳，他心想：美国人生活真是悠闲，有钱又懂得享受生活。走了不久，又看到几个黑人也悠闲地坐在草坪的另一边，这位先生不禁想到：唉！黑人失业的问题还真是严重，这些人大概都在领社会救济金过生活。

3. 古人搏杀时，若英雄相遇，常常不忍加害，虽然各为其主，场面上打得热闹，内心其实是相互喜欢、敬仰的，这样的人我们视为真英雄。因为他们在对手身上看到自己的影子。同是英雄，也就有了理解的基础，有了相互尊重的前提。

珍惜对手就是珍惜自己，宽容对手就是自尊的表现。

一个真正相配的对手，是一种非常难得的资源，从某种意义上说，双方相辅相存，斗争最激烈的时候，也就是双方最辉煌的时候，一旦一方消亡，另一方也会走向衰退，除非他能脱胎换骨，或者找到新的对手。

那种对竞争对手动辄咬牙切齿，不惜背后使绊的人，只是一种街头混混的斗法，不可能有什么大出息。

4. 一个孩子因急着看玩具，急速奔跑而跌倒了，发出巨大的响声。

旁边看着的大人惊呼着："这下一定跌得不轻！"

没想到，那看来只有五六岁的孩子立刻跳起来，看着旁边一脸惊慌的大人，微笑着，马上跑过去看他的无敌金刚了。

我对一起逛百货公司的太太说："这如果是一个大人，可能立刻就要送医院急诊了。"

确实，如果我们像一两岁的孩子学步一样，整天跌倒，我们可能要一直住在医院里。

小孩子为什么一直跌倒而无碍呢？

我想是因为他们不恐惧跌倒，也不抗拒跌倒，跌倒是必然的，站起来也就成为必然。大人又恐惧、又抗拒跌倒，一跌倒自然就受伤了。

另一个原因是，小孩子活在眼前，在站起来的那一刻，马上就把跌倒的痛楚忘记。

第三个原因是孩子的身心柔软，像是一只小猫一样，能在跌倒时减少伤害。

最后的原因，是要感谢天恩，上天有好生之德，给孩子一个面对跌倒的本事。

我对孩子跌倒而不受伤的那一幕，似乎找到一些哲学。在真实的生活里，我们也会跌倒，如果我们能不恐惧、不抗拒，活在眼前，身心柔软，常怀感恩之心，跌倒就不会受伤了。

挫折和苦难对一个人的伤害程度大小与其对挫折和苦难的态度直接相关。如果我们不排斥苦难，不畏惧挫折，苦难和挫折就不能打倒我们；相反，如果我们害怕它们，逃避它们，它们就能轻易把我们打败。

5. 下过雨的马路上，都会有一些大大小小的水坑。在这些水坑的面前，我们成年人的反应是什么呢？是不是从水边绕过去？也许不仅绕过去，嘴里还会不住地抱怨："裤子脏了，路难走了……"

可是几乎所有的孩子，在发现前面有个小水坑时，都会很高兴地跑进去，甚至会挣脱大人牵着的手，跑过去玩闹、欢笑。

"大人者，不失其赤子之心"，当我们用孩子一样的心情，用欢笑来面对这个世界，我们或许就能知道：对人来说，最重要的是人生的短暂和珍贵。欢笑着享受人生，是我们一出生就具有的目标和任务，也是上帝赐予我们的职责和权利。

可悲的是，在生活的重压与自我的禁锢下，有多少人已经忘记自己也曾经年轻，也忘记什么是欢笑了。

能拥有赤子之心的人，才能永葆年轻。

6. 著名成功学大师陈安之先生，在开成功学座谈会的时候，有一个学员跟他讲，他希望老板给他加薪，后来他又说，他根本不想帮助那个老板。于是，陈先生问他："如果你是老板，有一个员工想要加薪，可是，这个员工又不想多付出心力，你会给他加薪吗？"他说："不会的。"陈先生又问："你会把他怎么样？"他回答说："我会开除他。"于是，陈先生告诉他："你的老板没有开除你，已经对你很不错了，你还觉得老板不好，想换工作。"他听了这些话以后，恍然大悟，决定回到工作岗位上多尽力，不管有没有加薪。

一般人都本末倒置，把想法弄颠倒了，所以他们一直不快乐，当然也没有办法快速晋升，所以他们一直维持现状却还在怪罪别人。

7. 几年前，在美国俄克拉马州的土地上发现了石油，该地的所有权属于一位年老的印第安人。这位老印第安人终生都生活在贫穷之中，一发现石油以后，顿时变成了有钱人。于是，他买下一辆卡迪拉克豪华旅行车，还买了一顶林肯式礼帽，结了蝴蝶结领带，并且抽一根黑色大雪茄，这就是他出门时的装备。每天他都开车到附近的小俄克拉马城。他想看到每一个人，也希望被每个人所看到。

他是一个友善的老人，对每一个人的态度都很谦逊。当他开车经过城镇时，会把车子一会儿开到左边，一会儿开到右边，来跟他所遇到的每个人说话。有趣的是，他从未撞倒过路人，也从未伤害过人。理由很简单，在那辆大汽车的正前方，有两匹马拉着。

当地的技师说那辆汽车一点毛病也没有，只是这个印第安老人永远学不会插钥匙去开动汽车的引擎。汽车具有100匹马的马力，而现在许多人都误以为那辆汽车只有两匹马的马力而已。

心理学家告诉我们，世界上绝大多数人都和那辆汽车一样，我们所用的能力跟我们所拥有的能力相比，比值大约是2%至5%。

荷尔先生曾说："人类最大的悲剧并不是天然资源的巨大浪费，虽然这也是悲剧之一，但是，最大的悲剧却是人力资源的浪费。"荷尔继续深入地指出，<u>一般人在进入坟墓时，仍带着他尚未演奏的乐器，并且还在荒唐地寻找另外的乐器，很不幸的是，所有的乐器都是尚未演奏的。</u>

8. 《格林童话》中有一则童话，写的是罕斯得到了一块脑袋那么大的金子，在回家的路上发现一匹马比一块金子要强得多，因为骑马是何等快活的一件事呀，于是用金子换了一匹马。而后在路上，骑马的罕斯摔了一跤，于是用马换了奶牛。接下去一路上罕斯又用奶牛换了一头猪，用猪换了烤鹅。最后听了磨刀匠的话，用烤鹅换了一块磨刀石。

现在罕斯背着一块沉重的磨刀石往回走。他想自己多么幸福呀：有了这块磨刀石，以后的生计不用愁了。但这块磨刀石实在是太重了，以致罕斯累得受不了。最后罕斯到井边喝水，一不小心，磨刀石掉到井里去了。

这下罕斯摆脱了惟一的累赘。普天之下还有比他更幸福的人吗？他心情轻松、幸福地回到他母亲那儿去了。

我们读了这则童话，彼此交换一下眼神，便心领神会地哈哈大笑起来：多么可怜的罕斯。他有一块脑袋那么大的金子，可现在什么都没有了。哈哈大笑之余，我们又不禁惋惜起来：一块脑袋那么大的金子呀！现在没有了。傻瓜罕斯，笨蛋罕斯，多么愚蠢的举动呀！

我们会设身处地地想：如果是我们，一定会赤手空拳弄一块石头，然后想方设法地用它换来一只鹅，再换来一头猪，一头牛，一匹马，最后再把它换成一块脑袋那么大的金子。

是的，我们一生都在这么想这么做。我们为此整日东奔西走，气喘吁吁。一块脑袋那么大的金子呀。<u>我们不惜一切，尔虞我诈，勾心斗角。最后，用一生的时光代价，我们终于达到了目的</u>。多么得意呀，一块脑袋那么大的金子。

但是且慢，等我们抬起头来，却发现我们和罕斯都来到了死神的屋檐下。我们都将不得不消失。惟一不同的是，我们留下了一块脑袋那么大的金子和无尽的烦恼，而罕斯留下了幸福和快乐的一生。

9. 在生活或工作中，我们与其等待敌人来攻击我们，倒不如自己先检查一下自己。在别人抓到我们的弱点之前，我们应该首先认清并克服这些弱点。

据说富兰克林每晚都进行自我反省。他发现自己有 13 项严重的错误。其中 3 项是：浪费时间、关心琐事及与人争论。睿智的富兰克林知道，不改正这些缺点是成不了大事的。所以，他一周订一个要改进的缺点作为目标，并每天记录成功的是哪一条。下一周，他再努力改进另一个坏习惯，他就这样一直与自己的缺点奋战，整整持续了两年，当然也受益匪浅。最后他成为一位受人爱戴、极具影响力的伟大人物。

法国著名作家拉劳士福古曾说："敌人对我们的看法，比我们自己的观点可能更接近真实情况。"

10. 爱默生说："自信是成功的第一秘诀。谁相信自己的能力，谁就能征服世界。"后来他又补充说："如果你做一件你担心不能成功的事，那么失败的结局是不可避免的。"在生活中缺乏信心，感到害怕，有不安全感，那么你很快就会失去力量。

11. 1558年，英国女王伊丽莎白一世登基，到处都有人要替她物色丈夫。每个人都认为她应该尽快结婚，为英国皇室生养继承人。国内外最英俊潇洒、最有资格的单身汉争相追逐女王的青睐。她没有阻止，也没有拒绝，但也似乎毫不着急，而且会给予每个人一点暗示，令人猜不透究竟谁最得她的欢心。

伊丽莎白和她的追求者玩的这场精巧的游戏，慢慢让她成为了无数幻想作品的主题，也成了无数人崇拜的对象。

伊丽莎白没有留下嫡系继承人，但是在她统治期间，英国享有无与伦比的和平，文化艺术更是灿烂辉煌。

借助一辈子玩挑逗及退缩的游戏，伊丽莎白主宰了国家以及每一位想要征服她的男人。身为关注的核心人物，她控制了一切，以保持独立为最高原则。伊丽莎白不仅保卫了权力，也成为他人的崇拜对象。

当你保留自己独立的立场时，不但不会激起愤怒，反而会受到尊敬，会使自己看起来比较有权势，因为你让人无法掌握。你不像绝大部分人那样，屈从于团体关系。随着你独立的名声逐渐响亮，越来越多的人想要拉拢你，希望你加入他们。

一旦将自己行为和思想确定下来，魅力就会消失殆尽，就会变得跟其他人没什么两样。

12. 在田径竞赛中，竞赛者可能因某种原因而被取消资格，可在生存竞争中，只有我们自己才能取消自己的资格。

13. 美国联邦最高法院的一位法官说，一件案子的胜负关键往往是对于案件中核心问题的辩论。有些律师出庭时，往往考虑到案子的重要性，就不得不把他的辩护词拉拉扯扯地讲了一大堆，并且还举出无数个证据来。结果，法官和陪审员被他搅得头都晕了，而且由于他的话语和细节太多，又容易被对方发现许多漏洞。

要知道，在法庭上是没有一分一秒的时间允许你多说一句废话的，法官和陪审员最爱听的是那些直截了当的辩护。无论你因何事而辩论，一定要用简洁透彻的方式来阐明。

如果你想成就大业，那么你就应该集中精力，如果你希望别人知道你工作的价值，那么你就应该化繁为简。因为子弹只有密集才具有杀伤力。

14. 如果一个人永远无法发现潜藏在自己体内的那笔雄厚的财富，这才是最糟糕的事情。

苏格兰地区有很多古堡与古迹，因此闹鬼的传闻也颇多。有一天，一位小学老师因为公务繁忙，所以回家时已是午夜时分。在他回家的路上，需经过一个坟场，而那天刚好有人新挖了一个墓穴。他经过时一不小心便摔到了那个大坑里，那个大坑又大又深，这位长得人高马大的老师，怎么爬都爬不出去。后来，他索性坐在坑内，想等天亮了以后再说。

没想到不久后又有一个人途经此地，也是一不小心摔到坑内，只见他拼命地往上爬，当然是使出吃奶的力量也毫无办法。

"不用爬了。"那个小学老师说道，"你是爬不出去的。"

后来掉下去的人，大概以为是见到了鬼，吓得魂不附体，立刻手脚并用地往上爬，没想到三两下居然爬了出去。

15. 有两个人走到一条河边，河稍宽不能跨过去。一人便把河边石刻的菩萨雕像抛入河中，踩踏而过；另一人见状大惊，急忙下到河中把雕像抱出来，擦拭，扶正，毕恭毕敬，连称罪过。当上天打算降灾难于两人，请菩萨裁决时，菩萨却选择了后者。有人大惑不解问菩萨："前者对你不恭，后者对你虔诚，为何如此安排？"菩萨说："其实，我也很怕那个人！"

做人不可不老实，但也不可太老实。有人说过，老实就是窝囊的代名词，这句话是有一定道理的。"神鬼怕恶人"，人如果老实得过分，就会成为别人打击迫害的对象，变成别人欺侮、利用的棋子，永远不会有人生的好运。

16. 自古以来，人们就普遍存在一种把责任推给别人的不良天性。亚当偷吃了禁果，最后却把全部责任都推诿到了夏娃身上："都是那妇人引诱我吃的。"

英国的都铎王朝有个奇怪的习俗，就是皇家的小孩冒犯了皇族的规定，便花钱雇来一个"替罪羊"，以承受皇家小孩应受的责罚。当然，目前这种怪诞的习俗已经不复存在，但对许多不成熟的人来说，这种"替罪羔羊"的形式及心理仍然存在。

如果你希望自己不只是年龄增加了几岁，更重要的是性格的成熟完善，那就必须学会：要勇于承担自己行为的后果，敢于为自己的行为负责！

17. 牛顿看见苹果坠地，很不理解，他想，苹果熟透后，为什么不升到天上而是落到地上呢？在他之前，人类已经有不计其数的成员，怎么就没人对苹果向下不向上表示不理解呢？牛顿不理解了，于是诞生了伟大的万有引力定律，改变了我们的生活。

爱因斯坦说："因为我蔑视权威，我遭到了报应，我也成为了权威。"蔑视权威就是不理解权威。<u>要想成为某个领域新的权威，就必须不理解上一位权威</u>，蔑视他。这样你才获得了成为新权威的基本资格。

上学的过程应该是了解权威、不理解权威的过程，这样才能在你毕业后否定权威，加冕成为新的权威。如果上学变成了一个了解权威、理解权威、迷信权威的过程，这个学就上砸了。

18. 在我们的国度里，千百年来传统的价值观念，过多地强调崇高个人理想应是精忠报国，而忽视社会对个人价值的回报，尤其是经济上的回报，以为"君子喻于义，小人喻于利"，使人们漠视自己的价值。在现代市场经济社会中，金钱是人们发挥更大社会价值的必备要素之一，个人的收入水平和收入能力是社会评价一个人成功的标志之一，因此，将金钱作为一种崇高的信念有什么不可呢？金钱的社会效用和对美好生活的向往是我们追求成功的强大动力。

拿破仑·希尔认为：<u>金钱不是万恶之源，它能帮你实现理想，提升自信，增加生活的满足感，并能多做善事，造福社会，金钱又何罪之有？</u>

19. 英国劳埃德保险公司曾从拍卖市场买下一艘船，这艘船 1894 年下水，在太平洋上曾 138 次遭遇冰山，116 次触礁，13 次起火，207 次被风暴扭断桅杆，然而——它从没有沉没过。

劳埃德保险公司基于它不可思议的经历及在保费方面带来的可观收益，最后决定把它从荷兰买回来捐给国家。现在这艘船就停泊在英国萨伦港国家船舶博物馆里。

不过，使这艘船名扬天下的却是一名来此观光的律师。当时，他刚打输了一场官司，委托人也于不久前自杀了。尽管这不是他第一次辩护失败，也不是他遇到的第一例自杀事件，然而，每当遇到这样的事情，他总有一种负罪感。他不知该怎样安慰这些在生意场上遭受了不幸的人。

当他在萨伦船舶博物馆看到这艘船时，忽然有一种想法：为什么不让他们来参观参观这艘船呢？于是，他就把这艘船的历史抄下来连同这艘船的照片一起挂在他的律师事务所里。每当商界的委托人请他辩护，无论输赢，他都建议他们去看看这艘船。

在大海上航行的船没有不经历大风大浪的，也没有不带伤痕的。如同一个人常在社会上行走，哪有不遭受挫折的，如果他是一个悲观失望的人，没有百折不挠的坚强意志，就是失败的真正原因所在。

20. 有人曾计算过，一个人的一生，若以平均70岁计算，每人要吃进60~70吨食物。这些食物都必须通过胃肠的消化、吸收才能够供给人体各个器官的正常活动所需的营养。所以，人们把胃肠比做人体的"营养加工厂"。人的胃肠和其他器官一样，工作是有一定规律的，它们的承受能力也是有一定限度的。如果违反了它的规律和承受能力，其功能就会受到影响。人就必然要出毛病，严重还会危及生命。唐朝大诗人杜甫在安史之乱平定之后，从四川坐船回老家时，突然洪水猛涨，被困在洞庭湖里。当地的父母官闻信后，送去酒肉，杜甫在饥饿中暴饮暴食，结果这位诗坛巨星就这样陨落了。

科学研究证明，经常饱食尤其是暴食，不仅会损伤胃肠功能，引致消化不良、胃炎和胰腺炎，并可使体内的脂肪过剩、血脂增高，导致动脉粥样硬化。而且过量进食后，胃肠血液增多，大脑供血被迫减少，长期下来就会引起记忆力下降，思维迟钝，使大脑早衰，智力减退。

如果你想身体好，就从现在开始，吃饭时细嚼慢咽，每顿只吃七成饱。

21. 如果一个人轻视自己的工作，将它当成低贱的事情，那么他绝不会尊敬自己。因为看不起自己的工作，所以倍感艰辛、烦闷，自然工作也不会做好。当今社会，有许多人不尊重自己的工作，不把工作看成创造一番事业的必由之路和发展人格的工具，而视为衣食住行的供给者，认为工作是生活的代价，是无可奈何、不可避免的劳碌，这是多么错误的观念啊！

<u>那些看不起自己工作的人，往往是一些被动适应生活的人，他们不愿意奋力崛起，努力改善自己的生存环境</u>。对于他们来说，公务员更体面，更有权威性，他们不喜欢商业和服务业，不喜欢体力劳动，自认为应该活得更加轻松，应该有一个更好的职位，工作时间更自由。他们总是固执地认为自己在某些方面更有优势，会有更广泛的前途，但事实上并非如此。

也许某些行业中的某些工作看起来并不高雅，工作环境也很差，无法得到社会的承认，但是，请不要无视这样一个事实：有用才是伟大的真正尺度。在许多年轻人看来，公务员、银行职员或者大公司白领称得上是绅士，其中一些人甚至愿意等待漫长的时间，目的就是去谋求一个公务员的职位。但是，同样的时间他完全可以通过自身的努力，在现实的工作中找到自己的位置，发现自己的价值。

克里姆林宫曾有位尽职尽责的老清洁工。她说："我的工作同叶利钦的工作差不多，叶利钦是在收拾俄罗斯，我是在收拾克里姆林宫。每个人都是在做好自己该做的事。"她说得那么轻松、怡然，很使人感动，也很令人深思。

22. 同样一件事，因为存在一定的风险，有人经过细算，认为有60%的胜算，便抢占时机，先下手为强，因而取胜；有人在谋划时过于保守，认为必须有90%甚至100%的把握才下手，结果坐失良机。

精明的人能谋算出冒险的系数有多大，同时做好应付风险的准备，则可以胜算。世界的改变、生意的成功常常属于那些敢于抓住时机，适度冒险的人。有些人很聪明，对不测因素和风险看得太清楚了，不敢冒一点风险，结果聪明反被聪明误，永远只能"糊口"而已。他们只能在拥挤的人群里争食，也仅仅是为了填饱肚子、穿上裤子、养活孩子。而这，岂不也是一种风险？况且，这是一种难以逃避的风险，是一种越来越无力改善现状的风险。

23. 休息并不是浪费生命，它能够让你在清醒的时候做更多清醒、有效率的事。

为此，我们应该学会如何防止疲劳。原因很简单，因为疲劳容易使人产生忧虑，或者至少会使你较容易忧虑。任何一个还在学校里学医的学生都会告诉你，疲劳会减低身体对一般感冒和疾病的抵抗力；而任何一位心理治疗专家，也会告诉你，疲劳同样会减低你对忧虑和恐惧感觉的抵抗力，减弱你对身边人和事的反应能力、判断能力和分析能力，却增加了你的出错机率和减少抓住机会的能力。所以防止疲劳也就可以防止失败。

在《为什么要疲倦》里，作者丹尼尔·何西林说："休息并不是绝对什么事都不做，休息就是修补。在短短的一点休息时间里，就能有很强的修补能力，即使只打5分钟的瞌睡，也有助于防止疲劳。棒球名将康黎·马克告诉我们，每次比赛之前他必须睡一个午觉，哪怕只有5分钟，也能够赛完全场，一点也不感到疲劳。"

当亨利·福特过80岁大寿之前，丹尼尔·何西林去访问他。他写道："实在猜不透他为什么看起来那样有精神，那样健康。我问他秘诀是什么，他说：'能坐下的时候我绝不站着，能躺下的时候我绝不坐着。'"

24. 拳王阿里有一个绰号叫"牛皮诗大王"。每次比赛前他都喜欢做诗，以表达自己必胜的自信心。如他经常宣传的诗句是：

最伟大的拳王，

20年前便已露锋芒。

他美丽得像一幅图画，

能把任何人打垮。

他预告哪个回合取胜，

就像这是必然的事情。

他把敌人玩弄掌中，

迅如雷，疾如风。

也许正是因为心中充满了自信，才使得阿里一次次击败对手。世界上，人们可能不知道美国总统是谁，但人人都知道拳王阿里。

25. 您听说过保尔·德塞纳维尔这个人吗？十有八九是没听说过。

德塞纳维尔何许人也？据他自己讲，是个干什么都不行的庸才。但是，他却有点石成金的本领和适度的野心。有一天，他脑子里飘起一段曲调，他便自己将它大致哼出来，并用录音机录了下来，请人写成乐谱，名为《阿德丽娜叙事曲》。阿德丽娜正是他的大女儿。曲子谱好后，就在罗曼维尔市找了一个游艺场的钢琴演奏员为之录音。这个演奏员不名一文，穷酸得很。德塞纳维尔给他取了个艺名，叫"理查德·克莱德曼"……往后的事，不说您也知道了吧！唱片在世界上一下子卖了2600万张，德塞纳维尔轻而易举地发了财。

他说："本人不学无术，对音乐一窍不通，不会玩任何乐器，也不识乐谱，更不懂和声。不过我喜欢瞎哼哼，哼出些简单的、大众爱听的调儿。"

德塞纳维尔只作曲，不写歌，他的曲子已有数百首，并且流行全球。近20年中，德塞纳维尔靠收取巨额版税，腰缠万贯。

对于德塞纳维尔的成功，他自己解释为"适度的野心带来连续的好运"。做任何事情他都想获得成功。1978年，他花了28万法郎买了一匹马，几个月之后靠这匹马赢得了美洲奖，净得奖金200万法郎。1992

年，因为走错了门，他在一间录音室里无意中遇上了一个吹长笛的阿根廷人，名叫迪戈·莫德纳。他看见莫德纳的脖子上挂着一个鸭蛋形的奇特的乐器。其实，这种小乐器名叫"陶笛"，德塞纳维尔从未见过，也未听过，于是他让莫德纳表演一下。欣赏完莫德纳的表演，他当机立断，马上聘用莫德纳。结果，在乐队伴奏下的小提琴与陶笛协奏曲灌制的唱片《陶笛之声》共卖出110万张（其中普通唱片40万张，激光唱片40万张）。唱片中的12首曲子全部都出自德塞纳维尔之手。

不管你服气不服气，他确实成为了成大事者。

26. 美国总统林肯在订婚之后，发现并不爱他的未婚妻。于是在婚礼前夕，他躲了起来。他不喜欢那个女孩，可他又不愿意做一个背信弃义的人，更害怕别人会说他欺骗感情，以至于迟迟不敢解除婚约。两年之后，他还是娶了那个女孩。后来的事实证明，他婚前的疑虑是对的。他的妻子挥霍无度，让他债台高筑，而且脾气火爆，动辄争吵不休。尽管这样，他还是因为害怕别人的议论而不敢提出离婚。

也许有的人会感到奇怪，一个总统怎么会害怕别人的议论呢？其实，每个人都害怕某种事物，也许这就是人性的弱点，而你要做的事情，就是要打败这种让你产生心理恐惧的东西。

你必须做自己的主人，外界的评价不能够成为左右你行动的力量。当你的幸福要取决于某人头脑中的想法，<u>希望从别人身上得到快乐，就好比一个乞丐向人乞讨，这是非常辛苦的</u>。真实的自我，不是靠世俗的评价堆砌起来的。所以你应该勇敢地站起来，拒绝自己不想做的任何事情。

27. 其实在很多时候，生活远没有你在优柔寡断时所想的那么复杂。原本很简单的事情，你那么一反复犹豫，反而会凭空制造出多余的麻烦来，以致让自己不得安宁。当遇到棘手的事情时，多听听他人的意见以资参考固然也很重要，但最终作出决断的，只能是你自己。别忘了，只有那些能够迅速作出决定的人，才能在各方面都能先人一步，并且在最终赢得胜利。

<u>一切的失败，都可以从拖延、犹豫不决和恐惧中找到一些答案</u>。果断二字，看似容易，做起来很难。在没有想好对策之前犹豫不决还可以理解，想清楚了还在犹豫，这就是失败的一大诱因。

人生最大的教训之一是要懂得如何割舍。智者教导人们由事有恒，而许多事物却是一开始就注定了要失败的，但仍有固执者不肯在中途放弃那些东西，直至同归于尽。要想成就大事，就要有壮士断腕的勇气。

28. 1944年的某一天，日本在亚洲疯狂屠杀的时候，在南洋半岛的某一个地方，一个瘦高、黧黑的年轻人和其他许多青壮年被日本军人带上了一辆带篷布的卡车。毫无疑问，他们的年龄和身体都是处在最具反抗可能的那个阶段，在初上车时，大家义愤难当，想象各种状况，还能说一些激烈的言语。

然而过了一段时间，当他们饿了吃东西，困了开始睡觉的时候，这些意念在他们心中渐渐冷却，他们已经相信日本人的话了，只是要他们接受检查，虽然有些不安，但也无奈地服从了日本人的指令。

但这个黧黑的年轻人不安感极其强烈，直觉告诉他，如果他不趁早做出决定，他将再没有机会掌握自己的命运了。在汽车拐弯减速时，他冲过防备的日本人，果断跳下车，逃入了路边的橡胶林……

这个年轻人，就是后来的"新加坡之父"——李光耀。而那一卡车人，除了他，全部作为抗日嫌疑分子被处死。

对很多事情似乎大多数的人都能预测一些后果，但是就不能果断。当需要作出决定的时候，在各种各样的原因面前退缩了，胆怯了，这样就只能把自己的生命推向未知的深渊。

29. 国内某房地产公司的老总曾回忆说:"1987年,一个与我们公司合作的外资公司的犹太工程师,为了拍项目的全景,本来在楼上就可以拍到,但他硬是徒步走了两公里爬到一座山上,连周围的景观都拍得很到位。当时我问他为什么要这么做。他只回答了一句:'回去董事会成员会向我提问,我要把这整个项目的情况说清楚才算完成任务,不然就是工作没做到位。'"

做事一丝不苟,意味着对待小事和对待大事一样谨慎。生命中的许多小事都蕴涵着令人不容忽视的道理,那种认为小事可以被忽略、置之不理的想法,正是我们做事不能善始善终的根源,它不仅使工作不完美,生活也不会快乐。

一位犹太的父亲是这样告诫他的每个孩子的:

"无论未来从事何种工作,一定要全力以赴、一丝不苟。能做到这一点,就不会为自己的前途操心。<u>世界上到处都有散漫粗心的人,只有那些善始善终者是供不应求的。</u>"

30. 每次向聋哑人回答问题时,人们总是提高音量,又说又比划的,为什么?你在急于替他们解决问题。

银行通知客户超过了分期付款的期限,贷款者用儿童般的声音答道:"我们不懂。"这时,银行方面就觉得客户并非故意拖欠而是因为不了解规矩,那么银行方面就会给客户更多的解释来帮助他弄懂。如果客户还是不明白,银行还向他提供建议,比如申请延期,这么一来,客户的目的就会轻而易举地达到了。

更有甚者,当向某人寻求帮助,在接受帮助的同时,对方还投入时间的资本,增加了对你有利的情况。

因为,人们为了虚荣和自尊的需要,往往对弱者表现出异乎寻常的大方,殊不知对手竟是一只不动声色的厚黑老虎。

31. 塞尔玛陪伴丈夫驻扎在一个沙漠的陆军基地里。丈夫奉命到沙漠里去演习，她一个人留在陆军的小铁皮房子里，天气热得受不了——在仙人掌的阴影下也有华氏125度。她没有人可谈天——身边只有墨西哥人和印第安人，而他们不会说英语。她非常难过，于是就写信给父母，说要丢开一切回家去。她父亲的回信只有两行：

两个人从牢中的铁窗望出去，一个看到泥土，一个却看到了星星。

这只有两行的信却永远留在她心中，完全改变了她的生活。

塞尔玛一再读这封信，觉得非常惭愧。她决定要在沙漠中找到星星。

塞尔玛开始和当地人交朋友，他们的反应使她非常惊奇。她对他们的纺织、陶器表示兴趣，他们就把最喜欢但舍不得卖给观光客人的纺织品和陶器送给了她。塞尔玛研究那些引人入迷的仙人掌和各种沙漠植物，又学习了有关土拨鼠的知识。她观看沙漠日落，还寻找海螺壳，这些海螺壳是几百万年前这沙漠还是海洋时留下来的……原来难以忍受的环境变成了令人兴奋、留连忘返的奇景。

沙漠没有改变，印第安人也没有改变。是什么使塞尔玛发生了这么大的转变呢？是她的心态，是她对生活的一种热情。重燃的生活热情使她把原先认为恶劣的情况变为一生中最有意义的冒险。她为发现新世界而兴奋不已，并为此写了一本书，书名叫《快乐的城堡》。她从自己造的房子里看出去，终于看到了星星。

的确，<u>心态是真正的主人，你的心态决定了谁是坐骑，谁是骑师</u>。积极的心态使你充满力量，去获得财富、成功、幸福和健康，攀登到人生的顶峰。而消极的心态却把一切让你生活有意义的东西剥夺得一干二净，在人生的整个航程中处于一种长期的晕船状态，对将来总感到失望。

32. 春秋战国时，有一次，哲学家杨朱来到了宋国边境。天气很热，他就找了一家小客栈休息。不久，他就发现一件奇怪的事：店主的两个老婆长相与身份地位相差极大，一个长相一般的在柜台上掌管钱财进出，而一个长得很美的却干着洗碗拖地的杂活。他很困惑，就忍不住问店主人是什么原因。主人回答说:"长得漂亮的自以为漂亮,不听管束,举止傲慢,可是我却不认为她漂亮,所以我让她干粗活;另一个认为自己不美丽,凡事都很谦虚,我却不认为她丑,所以就让她管钱财。"

在生活中,其实我们都在无意识地、执拗地利用着美即好的效应。<u>大多数人只要一闻到权威的气息,便会立即放弃自己的主张或信念,转而去迎合权威的说法</u>;一看到某些人长相出众,就认为他们能力也不错,从而给他们很多机会。其实,美即好效应是一把双刃剑,在对人才的甄别上,我们应从本质上去认识,真正选中有真才实学的人;在面对权威人士的观点时,要通过理性去进行鉴别,从而避免受到误导。只有这样,才不会有碍于你的成功。

33. 去过寺庙的人都知道,一进庙门,首先是弥勒佛,笑脸迎客,而在他的北面,则是神情威武的韦陀。相传在很久以前,他们并不在同一个庙里,而是分别掌管不同的庙。

弥勒佛热情快乐,所以来的人非常多,但他什么都不在乎,丢三落四,没有好好地管理账务,所以依然入不敷出。而韦陀虽然管帐是一把好手,但成天阴着个脸,太过严肃,搞得人越来越少,最后香火断绝。

佛祖在查看香火的时候发现了这个问题,就将他们俩放在同一个庙里,由弥勒佛负责公关,笑迎八方客,于是香火大旺;而韦陀铁面无私,锱铢必较,则让他负责财务,严格把关。在两人的分工合作中,庙里一派欣欣向荣的景象。

34. 马修·麦克康奥吉是个年轻的好莱坞演员,曾担任由约翰·格里斯汉的畅销书改编成的电影《待机得分》的主角。那是因为一本书——《世界上最伟大的推销员》,改变了他的生活。

麦克康奥吉说:"在得克萨斯大学时,我的入学专业是法律,可是一个想法让我睡不好觉。我读了《世界上最伟大的推销员》的前两章后，立刻觉得我最想上的是电影学校。第二天，我便改变了主修专业。"

读书是如此有力量，哪怕是单独一本书，甚至一个简单的句子，都可能改变你的一生。

美国南北战争时期，南方奴隶主们完全懂得读书的巨大力量。他们采用多种手段让黑人们保持文盲状态，使黑人没有力量改变人生。在当时的美国，南方政府颁布了一个所谓"黑人法典"的法律，规定奴隶没有受教育的权利。南科罗拉多州更是明文规定，如果一个白人教黑人读书，那么这个白人将受到6个月监禁和罚款100美元的处罚。政府的法律宣布，凡是奴隶因试图读书被抓住，将被处以10次鞭刑，以示惩罚。政府的法律还规定，对那些多次违规者的处罚是剁掉食指的一节。

读书能把那些出身卑微的人转变成著名的领导人，历史上充满了这类故事，他们为了读书而历尽艰难。现在，我们很多人无需像他们那样，为了读书而付出非凡的努力。我们只需利用好我们现在所拥有的良好的条件，而不要对它视而不见就行了。

35. 演讲大师齐格勒提醒我们，世界上牵引力最大的火车头停在铁轨上，为了防滑，只需在它8个驱动轮前面塞一块一英寸见方的木块，这个庞然大物就无法动弹。然而，一旦这个巨型火车头开始启动，小小的木块就再也挡不住它了；当它的时速达到100英里时，一堵5英尺厚的钢筋混凝土墙也能被它轻而易举地撞穿。从一块小木块令其无法动弹，到能撞穿一堵钢筋水泥墙，火车头的威力变得如此巨大，原因不是别的，只因为它开动起来了。

其实，人的威力也会变得巨大无比，许多令人难以想像的障碍也能被你轻松突破。当然前提是：你必须行动起来。

36. 在南美洲亚马逊河流域生活着一种巨蟒，其身长可达10多米，能轻而易举地把一个人从头到脚全部吞下。驻扎在巴西热带雨林的军人常

会遭遇这种食人蟒,他们的《生存手册》介绍了逃生之法:

"碰到巨蟒时,记住千万别跑,你跑得快,蟒蛇比你更快。你得立即平躺在地面上,背朝下,两脚并拢,双手放在身体两侧。千万别恐慌,它会用嘴在你的四周探查,你看准机会,不动声色地拔出随身携带的匕首,朝着它张开的大口的一侧快速有力地划过,用利刃把它的嘴割裂……"

上述对付巨蟒的方法可谓大胆,令人惊心动魄。相比之下,另一种从蛇口逃生的办法要简单得多。作家勒鲁瓦·艾姆斯在《成为领袖》一书中,叙述了自己对付响尾蛇的经验:

"在住地一带常有响尾蛇出没,每年夏天我都要遇到一两次,每次都能化险为夷。在野地行走时,突然碰见一条盘着身子、扬着头、吐着芯子的响尾蛇,着实令人害怕。响尾蛇的动作闪电般迅速,而且对目标的攻击极准。面对如此危险的动物时,人类最本能、最简单的反应是:赶快逃跑。事实也证明,这是对付响尾蛇最有效的一种方法。"

巨蟒和响尾蛇都是非常凶险的动物,人类对付它们的方法却完全不同。对付前者需要的是勇敢和冷静的贴身搏斗,对付后者需要的是迅速及时的躲避。这些都是人类在险境中摸索出保全自身的有效方法。

其实,生活中我们常会与"巨蟒"或"响尾蛇"不期而遇。<u>那些你无法回避、必须面对的挑战和困难是"巨蟒",对付它们,你必须硬着头皮上,勇敢地与之周旋。而一旦剧毒无比的"响尾蛇"出现在你面前,你就必须赶紧躲开,躲得越远越好。</u>

37. 德国有这样一句谚语:"最纯粹的快乐,是我们从别人的麻烦中所得到的快乐。"这话虽然听起来似乎有些残酷,但仔细琢磨一下也不无道理。很多人甚至包括我们自己在内,从别人的麻烦中得到的快乐,极可能比从自己的胜利中得到的快乐大得多。也许,这正是人性本身的劣根性,然而却是难以克服的劣根性。

因此,我们对自己的成就要轻描淡写。我们必须学会谦虚,这样的话我们才能永远受到欢迎。要知道，从彻头彻尾的本质上讲，谁都不比谁更优越，百年之后，今天的一切也许就被忘得一干二净了。生命如白驹过隙，不要在别人面前大谈我们的成就和不凡。

戴尔·卡耐基曾有过一番相当精彩的论述："你有什么可以炫耀的呢？你知道什么东西使你没有变成白痴的吗？其实不是什么大不了的东西，只不过是你甲状腺中的碘罢了，价值才5分钱。如果医生割开你颈部的甲状腺，取出一点点的碘，你就变成一个白痴了。"

38. 俄国诗人屠格涅夫有一次外出，遇见一个乞丐伸着枯槁的手向他讨钱。屠格涅夫把手伸进口袋，忽然发现钱包忘了带。他只得怀着愧疚的心情，拉着乞丐的手握了握说："真对不起。"那个乞丐却紧紧握着屠格涅夫的手说："兄弟，够了，有这么点就够了。"

我们到处流浪，到处寻找，到处乞讨，仅为了几个叮当作响的铜板吗？我们至今仍然像乞丐一样乞讨着人类的那份诚意。

39. 怀特是美国印第安纳州小乡镇上的铁道电信事务所的新雇员。16岁时，他便决心要独树一帜。27岁他当了管理所所长。后来，他先成为西部合同电信公司经理，接着成为俄亥俄州铁路局局长。

当他的儿子上学就读时，他给儿子的忠告是："在学校要和一流人物结交，有能力的人不管做什么都会成功……"

一些人也许会觉得这句话太庸俗。但请别误会，把有能力的人作为自己的榜样并不可耻。朋友与书籍一样，好的朋友不仅是良伴，也是我们的老师。要与伟大的人物缔结友情，跟第一次就想赚百万美元一样，是相当困难的事。这原因并非在于伟人们的出类拔萃，而是我们自己容易忐忑不安。

<u>不少人总是乐于比自己差的人交际，因为在与这些人交际时，能产生优越感</u>。可是从不如自己的人当中，显然是学不到什么的。而结交比

自己优秀的朋友，能促使我们更加成熟。

40. 中世纪时代，诗人吉罗姆爵士遇见了美丽的吉耶玛夫人，对她一见倾心，俩人立刻坠入了情网。吉罗姆的朋友皮埃告诉他："爱情是一种奇怪的东西，争执越激烈，就会持续得越长久，和好之后的感觉越甜蜜。"

吉罗姆也想体验一下这种滋味。于是，假装对吉耶玛夫人大发脾气，也不再写动人的情诗给她，并且不辞而别，在外面游荡。

莫名其妙的吉耶玛派人去找吉罗姆，吉罗姆毫不客气地把使者赶走了。这样一来，吉耶玛反而更加热烈地追求他，不断地派遣使者送去自己亲笔写的求爱信，还亲自来看望他，但是吉罗姆却以粗暴的言辞和威胁的手段赶走了吉耶玛。最后，绝望的吉耶玛决定与他分手，发誓再也不和他见面了。

分别之后，吉罗姆才体会到相思之苦，正如皮埃所言：不能见面只会让爱情更炽烈。他发疯般地写温情的诗歌乞求和好，为自己的所作所为解释，希望能够得到吉耶玛的宽恕。

经过百般恳求之后，吉耶玛终于原谅了他。但为了惩罚他的过错和对自己造成的伤害，她命令吉罗姆写一篇描述他悲惨景况的诗篇给她。不仅如此，还必须剥下右手小指的指甲送给她以示惩罚。

吉罗姆满足了她的要求，他终于领略了爱情极致的感受。

恋情开始时，经常出现在对方眼前，会引发对方情感的疲惫，情浓意密之际，避而不见会让情感愈发炽烈激昂，没有理由的离去尤其撩动人心。对方会以为自己犯了错而更加强烈地追求你。当你不在时，爱人的想像在飞驰，激动的想像只会让爱越来越强烈。

吉耶玛越追求吉罗姆，他就越不爱她，因为她太轻率，太容易上手了，没有留给他幻想的空间，窒息了他的情感。直到她终于停止派遣使者追逐他，吉罗姆才开始思念，才意识到对方的重要。

频繁地露面或是主动出击，会使你变得越来越平凡；相反，短暂的

> 隐避会让你变得神秘，在别人的想像中富有魅力。

41. 麦克阿瑟是美国二战时期最著名的将领，然而这位战功赫赫的美国五星上将却是一个好大喜功、爱出风头的人。对此，马歇尔将军曾讽刺说："如果脱下军装换上戏服，麦克阿瑟会成为一代名优。"

1944年秋天，美军从日本人手中夺回了菲律宾，美国的太平洋战区司令部也将再次迁回菲律宾群岛。麦克阿瑟欣喜若狂，暗下决心要借这次机会好好出出风头。他宣布自己将在10月20日这天抵达荒芜的菲律宾雷特岛的海滩上，并表示希望有人来迎接。

将军终于要来了，雷特岛海滩上满是期待的人群。中午时分，麦克阿瑟的专机在天际出现，岛上的人们激动不已，欢呼雀跃。突然，飞机在半空中顿了一下，最后竟然降落在了离岸边近百米的海面上。岸上的人们全都呆住了，不知道这位将军要搞什么鬼。

几秒钟过去了，舱门突然打开了，这位不可一世的五星上将走了出来。他似乎并没有注意脚下的海水，而是慢悠悠地走向人群。突然，将军的脸色变得有些不好看，本来微笑的表情也消失殆尽。当他缓慢得有如塑像般走到岸上时，终于高呼一声："胜利的彼岸，我们到了。"所有的人这才一起欢呼。

有人问，这到底是怎么了？原来，麦克阿瑟本来是想把飞机降落在只有一膝盖深的海面上，然后自己穿着高统皮靴，缓缓地登岸，以此来炫耀他的战功。没曾想，由于潮汐的变化，海水已经涨到了腰部，大海浸湿了他大半个身子。最后，这位将军只能为自己被大海戏弄的事情懊恼不已。

如果一个人很爱出风头，就会给人轻浮的感觉。他并不会让自己受到他人的羡慕、尊敬，反而会给自己招来他人的冷眼、蔑视甚至嗤之以鼻。

42. 人情投资最忌讲近利，讲近利，就有如人情的买卖，就是一种变相的贿赂。对于这种情形，凡是讲骨气的人，就会觉得不高兴，即使勉强收受，心中也总不以为然。即使他想还报你，也不过是半斤八两，不会让你占多少便宜的。

你想多占一些人情上的便宜，必须在平时往冷庙烧香。平时不屑去冷庙烧香，有事才想临时抱佛脚，冷庙的菩萨虽穷，绝不稀罕你上这一柱香——买卖式的香。一般人以为冷庙的菩萨一定不灵，就是因为菩萨不灵，所以成为冷庙。殊不知穷困潦倒的英雄，是常有的事，只要风云际会，就能一飞冲天，一鸣惊人。

43. 人类所彼此羡慕的东西，都是他们渴望得到而得不到的东西，这些东西代表了某些公认的重要价值。

因此，羡慕者的目光总会带着敬慕，而受到羡慕的人则会感到一种成就感和优越感。

<u>羡慕会增加赞美的效果</u>。因为赞美可能只是表面之辞，羡慕则流露出人们对其所赞美的东西的心理认同，更显示出自己的真诚。

表示羡慕要掌握尺度，否则就会被视为嫉妒。而嫉妒被认为是人类一切罪恶的根源，它会让人有所提防。

44. 人类所具有的种种力量中，最神奇的莫过于梦想的力量。如果我们相信明天更美好，就不必计较今天所受的痛苦。<u>有伟大梦想的人，即使阻以铜墙铁壁，也不能挡住他前进的脚步</u>。

一个人如果有能力从烦恼、痛苦、困难的环境，转移到愉快、舒适、甜蜜的境地，那么这种力量，就是真正的无价之宝。如果我们在生命中失去了梦想的能力，那么谁还能以坚定的信念、充分的希望、十足的勇敢，去继续奋斗呢？

中国人尤其善于梦想。无论多么苦难不幸、穷困潦倒，他们都不屈从命运，始终相信好的日子就在后面。不少饭店里的学徒，都幻想着自己开店铺；工厂里的女工，幻想着一个美好的家庭；出身卑微的人，幻想着有朝一日掌握大权。

人只要拥有了这些幻梦，才可能有远大的希望，才会激发人们内在的智能，增强人们努力的信心，以求得光明的前途。

45. 增强自信心可以从小事做起。比如，穿着整洁得体。从理论上说，我们应当注重一个人的内在而不是外表。但是大多数人都是以你的外貌来打量你，因为你的外表是给人的第一印象，而且这种印象会持续下去，在许多方面影响别人对你的看法。必要、得体的穿着，不但会使别人特别看重你，你也会因此而觉得自己真的很重要。一个人意识到自己穿着很得体，举止自然而然就会表现得从容优雅。衣着的这种作用甚至是宗教也无法做到的。相反，一个人如果觉得自己在衣着上稍显逊色，那么言谈举止就会受到约束。

46. 每个人都有属于他自己的气质，通过他所有的特点而散发出来。我们不会散发任何不属于我们自己或者不符合我们思想的气质。你所散发的气质或是吸引别人，或是排斥别人。你的气质会影响到你的事业。

我们都知道，有某些人离开家庭甚至离开人世后，我们仍能清晰地感受到他们人格的存在。在那些已经离开我们的人的家中，在他们时常出入的一些地方，仍存留着某些东西，一种我们无法解释但又能敏锐地感觉得到的东西。

在一位母亲的身体被埋进坟墓之后，她的母亲形象仍能长久地留在家中。家中的每个成员都能明显地感觉到她的存在，有时这种情形会持续好多年。一个可爱的孩子在死后也是如此，不仅仅是想象。一位亲人从我们身边离开后，在很长一段时间内我们仍能感受到从他的人格中所留下的某些东西。

在成功商业人士所在的地方，我们都能感受到雄心的鼓舞，之所以受到这种微妙的影响，是因为这种主动、有力、积极的共鸣使那里充满气质。在一个商业办公室中，如果有一种强大的人格在支配着，那么整个公司都能感受到这种支配力量。另一方面，如果公司的主管柔弱、优柔寡断、犹豫不定、缺乏魄力、活力和进取心，那么进入他公司的每个人都会感觉到消极。

47. 很多家庭里，家长对着孩子不断地唠叨和责骂，对孩子来说都是致命的伤害，气馁的趋势和气馁就像是生活中的一团乌云。这个危险的东西不断提醒孩子想起自己的缺陷、失败或者怪僻。其实有一种更好的方法可以帮助孩子，你可以让他注意到自己的优点，在他做对事情的时候表扬他。年轻的本性总是反对不断的谴责、责骂和唠叨，而孩子却可在表扬声和鼓励声中茁壮成长。此外，批评一个做错事的孩子比表扬一个做对了事的孩子要容易得多啊！

"自信是心理上的一种微生物，"一位作家说，"如果受到了鼓励，得到了一块肥沃的土地，它就会繁殖，变大，最后长成一个庞然大物；如果受到冷落，被扔在一块儿贫瘠的土地上，它就会沦为天敌的食物，沦为犹豫、怀疑和疑虑。"

48. 我们知道，有些人沉溺于感觉身体不好的习惯中。不管睡得多香，胃口有多好，或者看起来有多健康，每一个关于他们身体状况的问题，都会遇到千篇一律的否定回答，用沮丧的腔调回答说——"哦，我今天不太舒服"、"我觉得难受"、"我很虚弱"、"我生病了"或者"我早晨起来的时候就头痛难忍，我知道我这一天都过不好。"他们惟一感兴趣的话题就是他们自己。他们从不会厌倦谈论病症。他们越是谈论食欲不振，或头、胃、背、身体其他部位的那种钻心的痛，他们就越会变得虚弱。

多少人都没意识到他们的疾病都是由自身引起的！他们习惯了感觉不舒服，不去努力克服身体上小小的不适，反而乐此不疲地向别人唠叨个没完。他们不是靠呼吸新鲜空气来战胜疾病，而是靠吞下头痛药片或其他标榜有某种特殊功效的、能治疗他们认为自己正患的那种疾病的药。他们开始心疼自己，也试着从别人那里博取怜悯和同情。<u>过分地关注于自身的疾病，使他们不自觉地被那些恐惧和疾病的假想所蒙蔽</u>，更确信自己真的得病了，直到连正常的工作都无法继续。

这种可怕的猜想，就算是训练有素的运动员也不会健康。如果你想成为自己的朋友，那么你必须首先成为你身体的朋友，你必须坚信它们是完美无缺的，是健全的。你必须把它们想像成朋友而非阻碍你成功和毁掉你生活机遇的敌人，不要再把那些器官想成病快快的了，试一下，想像它们是健康的、有效的，然后你会发现自己变得生机勃勃。

49. 当布拉许还在华尔街 40 号美国国际公司任总裁的时候，别人问他是否对别人的批评很敏感？他回答说："是的，我早年对这种事情非常的敏感。我当时急于要使公司里的每一个人都认为我非常完美。要是他们不这么想的话，就会使我忧虑。只要哪一个人对我有一些怨言，我就会想办法去取悦他。可是我所做的讨好他的事情，总会使另外一个人生气。"

"然后，等我想要补足另一个人的时候，又会惹恼了其他一两个人。最后我发现，<u>我愈想去讨好别人，以避免别人对我的批评，就愈会使我的敌人增加</u>。所以最后我对自己说：'<u>只要超群出众，就一定会受到批评，所以还是趁早习惯的好</u>。'这一点对我大有帮助。从此以后，我就决定只尽我最大能力去做，而把我那把破伞收起来。让批评我的雨水从我身上流下去，而不是滴在我的脖子里。"

当你成为不公正批评的受害者时，你可以笑一笑。别人骂你的时候，你可以回骂他，可是对那些只"笑一笑"的人，你能说什么呢？

50. 欧洲某些国家公共交通系统的售票处大部分是自助的，也就是你想到哪个地方，请根据目的地自行买票。没有检票员，甚至连随机性的抽查都非常少。据说有人做过统计，逃票被抽查抓到的比例大约只有万分之三。

一位中国留学生发现了这个管理上的漏洞，或者说以他的思维方式看来是漏洞。他也很乐意于不用买票而坐车到处溜，在他留学的几年期间，他一共因逃票被抓了3次。

几年后，他从大学毕业，试图在当地寻找工作。他向许多跨国大公司投了自己的资料，因为他知道这些公司都在积极地开发亚太市场，但都被拒绝了。一次次的失败，使他愤怒地认为这些公司有种族歧视倾向，排斥中国人。最后一次，他冲进了某公司人力资源部经理的办公室，要求给他一个不予录用的理由。

老外说："先生，我们并不是歧视你，相反地，我们很重视你，因为我们公司一直在中国市场开发，我们需要一些优秀的本土人才来协助我们完成这项工作，所以你一来求职的时候，我们对你的教育背景和学术水平很感兴趣，老实说，从工作能力上看，你就是我们所要找的人。"

"但是我们查了你的信用记录，发现你有三次乘公车逃票被处罚的记录。"老外继续说。

"干嘛那么较真？以后改了不就行了吗？"

"不，不，先生。此事证明了两点：一，你不尊重规则，不仅如此，你善于发现规则中的漏洞并恶意使用；二，你不值得信任，而我们公司的许多工作的进行是必须依靠信任进行的，因为如果你负责了某个地区的市场开发，公司将赋予你许多职权，为了节约成本，我们没有办法设置复杂的监督机构，正如我们的公共交通系统一样。所以我们没办法雇用你，可以确切地说，在这个国家甚至在整个欧盟，你可能找不到雇用你的公司，因为没人会冒这个险。"

51. 美国总统里根，因为曾当过电影演员，所以能以十分讲究的着装打扮赢得听众的赞誉，使他在竞选运动和政治舞台上令对手望尘莫及。1980年美国大选时，里根与卡特进行了一场十分关键的电视辩论。当时里根上穿得体的西装，下穿当时十分流行的牛仔裤，神情从容，一下子就引起了观众的好感，对他竞选成功起到了积极的作用。

　　日本前首相田中角荣在这方面有过失败的教训。那还是他第一次竞选议员的时候，在演讲时穿的是大礼服，戴的是白手套。可他一上台就听到了一片奚落声，听众要他脱下大礼服。当他作自我介绍时，会上响起了喝倒彩的声音，选民们声称不是来听他讲个人经历的。田中角荣失败的原因就在于他的穿着打扮与当时人们对服饰的审美趣味很不对路。这次竞选议员的失利，使他步入政界的时间拖延了好些年。

52. 《史记·许衡传》中说：元代大学者许衡一日外出，因天气火热，口渴难忍。路边正好有一棵梨树，行人纷纷去摘，惟独许衡不为所动。有人便问："何不摘梨以解渴？"他回答道："不是自己的梨，岂能乱摘？"那人笑其迂腐："世道这样乱，已经不知道是谁的梨了。"许衡正色道："梨虽无主，我心有主。"

53. 有一个故事很有意思，说的是一个博士分到一家研究所，成为那里学历最高的一个人。有一天，他到单位后面的小池塘去钓鱼，正好正副所长也在钓鱼。他只是微微点了点头，心想和这两个本科生，有啥好聊的呢？不一会儿，正所长放下钓竿，伸伸懒腰，蹭蹭蹭从水面上如飞地走到对面上厕所。博士眼睛睁得都快掉下来了。水上漂？不会吧，这可是一个池塘啊！正所长上完厕所回来的时候，同样也是蹭蹭蹭地从水上漂回来的。怎么回事？博士生又不好去问，自己是博士生嘛！过了一阵，副所长也站起来，走几步，蹭蹭蹭地漂过水面上厕所。

　　这下子博士更是差点昏倒：不会吧，到了一个江湖高手云集的地方？博士生也内急了。这个池塘两边有围墙，要到对面厕所非得绕10分钟的路,而回单位又太远,怎么办?博士生也不愿意去问两位所长,憋了半天后,也起身往水里跨:我就不信本科生能过的水面,我博士生不能过。只听"咚"的一声,博士生栽到水里。两位所长将他拉了出来,问他为什么要下水。他问:"为什么你们可以走过去呢?"两位所长相视一笑:"这池塘里有两排木桩子,由于这两天下雨涨水正好在水面下,我们都知道这木桩的位置,所以可以踩着桩子过去。你怎么不问一声呢?"

54. 美国南北战争时的一个夜晚,一位来到北方阵营的官员开玩笑地说:"我要告诉你们,这里没有女人,是吗?"

格兰特将军将视线从他正在读的文件上移开,直直地盯着那位官员,语速很慢地说:"是没有女人,但是这有很多绅士般的小伙子。"

乔治·查尔德说:"格兰特将军性格的伟大之处就在于他的正直,我从没听过他说过任何动机不良的话,没开过任何有暗示性的笑话。他的话很正经很有礼貌,都可以在有女士的场合中说。如果有新人被提拔上来,只要格兰特将军发现这个人道德不好,品质有问题,他都不会任命,无论面对的压力将有多大。"

<u>如果一个男人有着清晰的头脑,不乱讲话,如果一个女人的思维中没有一点邪念,这将是他们的光荣。</u>

本 章 精 义

1. 张狂的结果，只能是你自己受伤
2. 做人不能太老实
3. 大多数人都能预测后果，就是不能果断
4. 你的心态决定谁是坐骑，谁是骑师
5. 越是怕死，死得越快
6. 你必须行动起来
7. 频繁地露面或是主动出击，会使你变得越来越平凡
8. 最纯粹的快乐，是我们从别人的麻烦中所得到的快乐
9. 要想成就大事，就要有壮士断腕的勇气
10. 不敢冒一点风险，结果聪明反被聪明误，永远只能"糊口"而已

卷八

时刻反省：反省自己，反省他人

changes your life the secret

1. 没有什么人会赞同我们对他们的批评。对他们来说，我们就好像试图把我们的垃圾倒在他们的地盘上，而不是放在我们自己的地方。

2. 做妻子的，永远不可以对她的丈夫说"你失败了"。一个女人说出的经过明智选择的话，可以改变一个男人对自己的整个看法，使他变得更好。汤姆·斯顿是第二次世界大战退伍军人，在战争中受了伤，他的一条腿有点残废，而且伤痕累累。幸运的是，他仍然能够享受他喜欢的运动——游泳。

有个星期天，斯顿和他的太太在汉主顿海滩度假。做过简单的冲浪运动以后，斯顿先生在沙滩上享受日光浴。不久他发现大家都在注视他。从前他没有注意过自己满是伤痕的腿，但是现在他知道这条腿太惹眼了。

又一个星期天，斯顿太太提议再到海滩去度假。但是汤姆拒绝了，他说不想去海滩而宁愿留在家里。他太太的想法却不一样，"我知道你对你腿上的疤痕产生错觉了。"

斯顿先生后来说，"我承认了我太太的话，然后她向我说了一些我将永远不会忘记的话，这些话使我的心里充满了喜悦。她说：'汤姆，你腿上的那些疤痕是你勇气的徽章，你光荣地赢得了这些疤痕。不要想办法把它们隐藏起来，你要记得你是怎样得到它们的，而且是骄傲地记着它们。现在走吧——我们一起去游泳。'"

汤姆·斯顿去了，他的太太已经消除了他心中的阴影。

3. 佩奇·皮特本来应该是个不幸的人，但他却成功了。

5岁时皮特便失去了97%的视力。虽然将近失明，但他拒绝进入残疾人学校，并争取到了在公立学校的就读机会。他参加棒球队时，担任第一垒，凭着垒球在草地上呼啸的声音设法捕捉住球；他踢美式足球时，担任二线拦截；他读大学和研究院时，经常请同学们念书给他听；当他成为大学教授后，又赢得了顶级优秀教授的美誉。

一天，在课堂上，一名学生不假思索地问皮特教授，什么是最糟糕的伤残，失明还是失聪，缺手还是缺腿，抑或其他？当时，空气中弥漫着一片凝滞且不祥的肃穆。之后，皮特勃然大怒，说："这些都不是！了无生气、不负责任、欠缺野心和渴求，这才是真正的伤残。在这一课，若我不曾教你什么，但能让你明白与生命密切相关的某些东西，这一课将会是莫大的成功！"

没有人可以挑战皮特。他经常向学生怒吼："你在这里并不是要学习平庸，而是学习如何卓越！"

皮特是对的。我们所面对的真正敌人——给我们最大打击的，往往不是失明或失聪等伤残，而是了无生气、不负责任、欠缺野心和渴求。

4. 许多人对自己的身体不够满意，去做各类整容手术。用某种材料垫起高高的胸部、用药水除掉自己的体毛、装上长长的假指甲等。有一个很年轻的女孩子，想当一名歌手，可是她总是担心自己的嘴太大，唱起歌来太难看。于是，她从不敢在正式的场合里大声唱歌。有一次，她在朋友的聚会上被要求唱一首歌，她简直难过得要死了，可又推不掉朋友的热情，只好当众唱了一首。由于担心自己的大嘴巴过于难看，她常常抿着嘴。唱完后，一个在座的人告诉她，你的嘴巴很有特色，你唱得也很好，只是要放开去唱。

女孩子听了以后心里很激动，于是主动要求再唱一首。她这一次放开了自己的歌喉，不再顾忌自己略显大些的嘴巴，她终于赢得了全场的喝彩。正是那张可爱而又性感的嘴巴，使这个女孩子成了如今享誉全世界的黑人女歌手，她就是——惠特妮·休斯顿。

要知道，世界上没有和你一模一样的人。每个人都有自己的特点，当你能够正视自己的身体，接受自己全部的优点和缺点时，你会因为自己与别人的身体不同而感到真正的快乐。

5. 人们常常热衷于做先驱，其实"先驱"是个悲剧性的词汇，所有的先驱，几乎都没有好结果。

先驱也意味着先知先觉。风起于青萍之末，先驱就闻到了风云的气息，他天生雄心勃勃，热血随时准备沸腾，他的敏感与激情，使他不能坐视潮流的变化，他相信自己已经看清了时代的走向，于是挽起裤脚，纵身一跳。

这一跳就再难回头。虽然他是正确的、先进的，甚至是伟大的，但是潮流还没形成气候，他只能孤军奋战，与虽然落后却依然强大的旧势力搏斗。他是如此渺小，如此艰难，最后的结局很可能是：终点还很遥远，他已经无力挣扎，倒在半路上。

这时后面跟上来一个人，奄奄一息的先驱，顺手就把旗帜交给了来人，这人也就顺理成章地接过来，沿着先驱已经探明的方向，踏着先驱已经开辟的道路，一路奋勇向前，结果他到达了胜利的彼岸。

<u>成功者并不一定是最先觉醒的，不一定是某个伟大创意的发明者，他只需要把别人的创意发扬光大，就足以成就自己的辉煌</u>。成功者不一定是巨人，但他是站在巨人肩上的人。

6. 美国华盛顿大学的一位专门研究在工作场所中各种关系的教授说，在任何情况下，将友谊混入工作都会惹麻烦。"<u>在一个竞争的环境下，友情很难保持原味</u>。人们总会希望从朋友处得到全心全意的支持，但是在工作场合中，人们必须客观。我们必须评估身边的人，琢磨哪一个更符合自己的利益。因此，想从竞争对手身上寻找友谊是很难的。"

在美国好莱坞，许多人在结束一部电影的拍摄后，总会先考虑为了下一份工作，他们应该结交哪些人来作为过墙梯。

认为人们因为是"好朋友"而不会发生争斗的想法是非常幼稚的，这一点就像相信求雨的巫师说进行了祭祀就会下雨一样。

7. 不要以为勤奋工作、能干就会获得晋升。其实，你错了。因为上司要提升的人，<u>不仅要能出色地完成工作任务，更重要的是还能得到领导的充分信任</u>。不信任你，干嘛培养你呢？所以，你不被他人赏识，不一定是你的能力不足，却极有可能是你没有得到他人的信任。

如果你得不到信任，不管你的工作如何出色，你肯定不会获得赏识，这是从古至今人类社会经过反复博弈之后形成的残酷现实。

8. 害怕被别人嘲笑，过于在乎别人的意见，这使很多人对自己丧失了信心，也让他们在社会上感到不自在。这妨碍了很多人的生活，它比任何东西都更能埋没一个人的能力。

我认识一个非常杰出的人，因为他害怕面对公众，对社会的舆论或批评过于敏感，他害怕自己得不到想要的名誉，害怕自己犯某些愚蠢的错误，或者就像他自己说的那样自欺欺人，所以他的才能被埋没了。在他的家庭圈子和亲密的朋友当中，这个人非常可爱，他思维敏捷而且有较高的号召力，但是他的生活也在此终止了，他没有更大的表现自己的自由。如果不是他胆小的性格，也许他可以成为更成功的人物。

社会总是在追寻积极向上、有进取心的人，社会不需要胆小、怯懦、腼腆、埋没自己的人。<u>社会赞美那种敢于勇敢地站出来，自信地承担自己责任的人</u>。社会相信这样的人可以取得成功——仅仅是因为他们对自己充满了信心。

9. 游手好闲与无所事事的名声，比任何事情都更容易毁掉一个年轻人的前途。如果可能的话，那些游手好闲的人比懒惰的人更会浪费时间。

游手好闲的人是完全没有价值的。

如果一个年轻人想要有所成就，那么他的成功很大程度上取决于他的名声——也就是别人对他的看法。没有人愿意表扬或帮助一个游手好闲的人。

很多人在通过自己的辛勤劳动获得一笔财富之后都会退休，然后去享受他长久以来一直期望的休闲时光，结果他会发现生活变得越来越无聊，越来越难以忍受，最后他只能在重新回去工作和因为缺少重要的动力而慢慢死亡两者之间做出选择。

人的本性要求我们不断工作，直到自己感到疲倦，然后她会用一个甜美的睡眠和狼吞虎咽的胃口来回报我们，让我们重新恢复体力——这可是懒惰的人从来没有享受过的奢侈。她把这些恩惠保留着送给那些辛辛苦苦工作的人们。因为他们的薪水很少，所以她把好睡眠和好胃口送给他们，也算是给他们的一些额外补偿。

自行车停止转动的时候就会倒下，而劳动让很多人不至于躺下。

10. 3000年前，希腊与特洛伊之间展开了一场长达10年之久的战争——特洛伊战争，双方互有胜负。在战争的第十年，希腊人想出了一条绝妙的计策。他们假装撤退，并在城外留下了一个木马。特洛伊人见希腊军队突然就消失得无影无踪，还以为是上天给他们帮了忙，并送给他们一个礼物——精美的木马。特洛伊人非常高兴，欣然地将这个上帝赐予的礼物接进城去。

夜晚降临了，特洛伊城内举行了盛大的狂欢。也许这胜利来得太不容易了，也许人们对胜利的期待太久了，总之特洛伊人忘记了一切，疯狂地投入到狂欢之中。狂欢过后，特洛伊城陷入了一片寂静之中。

当特洛伊人正沉醉于美梦中的时候，藏匿在木马中的希腊勇士悄悄地走了出来，与城外的人里应外合，攻占了特洛伊城。

究竟是谁攻破了特洛伊城？是希腊人还是特洛伊人自己？当然是特洛伊人自己。如果当时特洛伊人没有被胜利冲昏头脑，没有那么得意忘形，就不会被希腊人征服。

我们不难发现，沉浸在得意事中而忘形的人常常会因一时的兴奋而失去理智，看不清眼前的形势和未来的趋势，这样势必会使他不再像以前那样努力，更不会像以前那样稳重。相反他们会因为胜利而不能自拔，放松警惕，疏于防范，其结果很可能是收获到因胜利而导致的失败。

11. 有很多人能做到善待他人，但却不能善待自己。他们不关注自身健康，不爱惜身体，不懂得积聚能量，管理自身资源。他们是别人的奴隶，自己的暴君。

我们都知道很多人拥有极好的天资禀赋、聪慧的头脑，做着高级的工作，但是由于精力不足或身体不健康，他们百分百的努力获得了50%的产出。因为没有健康的体魄做后盾，他们一流的头脑却只得到个二流的结果。

没有健康，没人能变得刚强而有力。身体上的力量代表着精神上的力量、主宰和创新。

12. 可以预期的人生，不会给你太多的惊喜，太多的收益；而不可预期的人生，却常常可能带来意外的精彩。就像当年比尔·盖茨的父母，让孩子当医生，孩子的前途是可以预期的，但让孩子从事电脑行业，却是不可预期的。许多人生经验告诉我们，成功往往不是安排出来的，更不能预期，许多成功是"闯"出来的。

13. 在常识中，耕地是在白天进行的，但在德国西部的一些农场里，黑夜耕地却十分时髦。农夫们往往选择"伸手不见五指"的夜晚进行耕作。

虽然黑夜耕地可能会有很多不方便，但德国农学家苏里贝克发现：

凡在黑夜翻耕的土壤中，仅有2%的野草种子日后会发芽，如果在白天翻耕，野草种子发芽率竟高达80%，约为前者的40倍之多。

苏里贝克对此解释说，绝大多数野草种子在被翻出土后的数小时内如果没有受到光线（即使是短至几分之一秒）的刺激，便难以发芽。

这种与常识相反、与常规背道的想法或做法，事后看起来很简单，但事先并不是轻易就能想到或做到的。白天耕地不知耕了多少年，<u>痼习束缚着人们的思想与行为</u>，谁还去想黑夜耕地与白天耕地会有什么不同！

14. 在一次新闻发布会上，人们发现坐在前排的美国传媒巨头麦卡锡突然蹲下身子，钻到桌子底下。大家目瞪口呆，不知道这位大亨为什么会在大庭广众之下做出如此有损形象的事情。

不一会儿，他从桌子底下钻了出来，扬扬手中的雪茄，平静地说："对不起，我的雪茄掉到桌子底下了。母亲告诉我，应该爱惜自己的每一分钱。"

麦卡锡是亿万富翁，照理说，应该不会理睬这根掉在地上的雪茄，但他却给了我们意想不到的答案。麦卡锡表现出来的是一种最基本的成功修养，这种修养正是他创造巨大财富的源泉所在。

<u>挥霍浪费是一切灾难的根源</u>。如果你能节俭地利用自己的收入，免除不必要的开支，摒弃奢侈的排场，永远都不要入不敷出地生活，那么几乎任何一个人都能够自给自足。但不幸的是，这又是一件世界上最困难的事情。

15. 没有储蓄，人的生活就失去了依靠。积蓄可以保证我们在找到新工作之前比较从容。300元，或者说100元，这不算多吧！但是，对一个贫困的人而言，其作用无可估量。100元足够让这个人坐车到另一个工作机会多的地方；100元还能维持一个人一周的生活，让他免受饥饿之苦……虽然这笔储蓄不起眼，但是没有它，这个人就被牢牢地束缚在困

窘中等待命运的摆弄。

储蓄能在关键时刻正确引导我们的生活，甚至遏止我们的邪念。虽然我们不能用金钱来衡量生活的价值，但是，我们必须正视金钱在生活中的作用。没有足够的金钱，就不会有舒适、温馨的生活，更难以实现自立和理想。

学会储蓄是学会生活的开始。收入无论多少，都要坚持节省一些储蓄下来，以备不时之需，不要寅吃卯粮，过入不敷出的生活。按照这些去做，就能免除挥霍、短浅、鲁莽和无计划等许多坏毛病。节省和储蓄表现了自我克制、深谋远虑、谨慎与智慧，这些是未来幸福生活的种子，是自立和诚实生活的开端。

16. 无论每个人的主观意愿为何，遭受到他人的反对意见总是在所难免。对于任何一件事，每个人都可能会有与他人不同甚至是完全对立的见解，当你遇到反对意见时，你可以发展新的思想，提高自我价值。但是千万不要因屈服于别人的见解或情绪压力而放弃自我，也不要为此而打乱自己的计划安排，忙于应付这些无休止的指责，因为无论你怎样做，还是会有人反对你。所以，你成功的事实才是唯一对你有利的证明。

美国前总统克林顿在白宫时这样说过："如果要我读一遍针对我的指责，并逐一做出相应的辩解，那我还不如辞职算了。我凭借自己的知识和能力尽力工作，如果事实证明我是正确的，那些反对意见就会不攻自破；但如果事实证明我是错的，那么即使有10个天使说我是正确的也无济于事。"

有些无事生非的人只是习惯性地找碴生事，如果你受他们的影响或分散精力去反击，只会如同艾伯拉姆斯将军所说的："别跟猪打架，不然到时你弄得一身泥，而它们却乐得很呢！"

17. 不管是什么场合，都该切记一件事：避开过度尖锐的冲突。拥有好的辩论天赋也算得上是一种才能，但是归根结底你会明白，上上之策还是设法避开它。

不管何种辩论，十分之八九都没有结果，即使对方辩输了，他心里也不一定服输，甚至还会更加坚持自己的看法。你绝不可能从辩论中得到真正的胜利，不论辩赢辩输，到头来你都会失去某些东西——如果你以压倒性的辩才将对方驳斥得一无是处，你固然逞得了口头的一时之快，但你使他处于劣势，使他的自尊受创，他仍对你充满反感。

泛美人寿保险公司对其业务员有着一项恒久不变的训练方针，那就是"永不与客户争辩"。而误会的化解也绝非争辩所能做到，必得经由谅解、安慰和设身处地地为对方着想，才有可能化暴戾为祥和。

富兰克林曾说："据理力争，或许偶然能让你得到一些胜利的快慰，但那胜利是空洞的，因为你永远得不到对方的好感。"

18. 不要和小人深入交往。没有十足的把握，不要轻率地攻击和揭发他们。因为小人往往斤斤计较，会不择手段地报复，千万不要把自己推到小人设置的刑台上。和小人说话也要加倍小心，涉及个人隐私、对他人的抱怨和对上司的指责不要对小人说，因为这些有可能成为他们"修理"你的证据和资料。

不要试图和小人评理，即使你吃亏了，也要大度一些，因为和他们有理也讲不清，弄得不好就会结下深仇大恨。和他们在经济上的来往也应该避免，因为他们会没有任何理由地要求你与之分享，而如果他即将失去利益，他们会把责任和损失都嫁祸于你。

19. 桑代克是动物心理学的鼻祖，联结主义心理学的创始人，创建了教育心理学，也是美国教育测验运动的领袖之一。

1895年，他到哈佛大学做小鸡走迷宫的实验，后转到哥伦比亚大学学习，继续利用猫和狗等动物做实验。他在实验中发现，最初，小鸡小猫小狗都是在死路里转来转去，偶尔会找到出口，逃出迷宫，而这通常需要花很长的时间。但重复多次以后，小鸡小猫小狗在死路中瞎转的次数都会减少，花费的时间也会减少很多。训练到一定次数以后，一把它们放入迷宫，它们甚至立即直奔出口而去，很快就成功逃脱。

桑代克认为，小鸡小猫小狗都不是通过推理和观察而学会逃出迷宫的，它们之所以能够顺利逃脱，原因只有一点，那就是不断地尝试，在不断地尝试和失败中慢慢消除那些无用的行为，记住那些有助于逃脱的行为。用桑代克的话说，就是它们已经在这些有用的行为和行为的目标之间建立了联系。

成功的过程也是如此，就是尝试的过程，欧美流行的一句口头语："试一试吧！"试了，才知道什么是对的，什么是错的。没有天生的傻瓜，只有后天的蠢材。天才之所以成为天才，是因为有一颗可贵的好奇心。不要害怕迷路，可怕的是，你没有探路的心。

20. 在《马太福音》中有这样一个故事。

耶稣和他的门徒在旅途跋涉中感到饥渴疲惫。耶稣发现了一棵无花果树，长得漂亮但没有果实，耶稣因为这点诅咒了它。第二天，当他们再次路过这棵树时，门徒发现这棵无花果树已经枯死了。

故事说这棵树不结果实是因为季节的原因。很显然，有人产生了疑问，就是："上帝啊！如此严厉的惩罚，难道不是太过分了吗？那棵树在那个时候不结果实完全是很正常的。"

可上帝说："如果人们所做的一切都会自然而然地来临，那么人们就不会记得我了。"

是呀！上帝不希望我们只做那些自然而然的事情，不要只做那些习以为常的事情，他希望我们要超越平凡和舒适生活。

任一切顺其自然是平庸的，平庸是上帝最不希望看到的结果。耶稣借那棵无花果树来教导人们应该怎么做，他希望那棵树终年结果实并且是甜美的果实，同样也是这样要求我们的。

21. 赫鲁晓夫当政期间，为了迅速解决苏联的住房问题，曾经盖了大量的小开间、无电梯的四五层楼。人们把这些楼戏称为"赫鲁破楼"，如今，这种"废楼"无人愿意居住，只有等待拆迁的命运。

这就是急功近利，它不光会闹出笑话，同时还会把失败带到你的身边。

西方有句谚语：罗马城不是一天建成的。我国也有句俗语：绳锯木断，水滴石穿。的确，成功并不是一天就能实现的，成功的路漫长而曲折，没有足够的耐心等待成功的话，就得用足够的耐心去面对失败。

结果，不踏实工作的人一事无成，盲目投资的人一败涂地，具有高分数的学生到了社会上"百无一用"，照搬经验的地方依然贫困。

<u>急功近利会蒙蔽那颗本来理智的心</u>，会让人失去客观冷静分析局势的能力，因为它是目光短浅的直接产物。

22. 同是看一个人，一个比自己优秀的人，自信的人懂得欣赏，并在欣赏的过程中充实自己，相信"我可以更好"；自卑的人萌生嫉妒，并在嫉妒的过程中不断强迫自己，让自己相信"原来我看错了"。

这个时代充斥着物欲的身影和浮躁的气息，自信在不经意间就成了一种奢侈。时下所谓的自信，多流于无知的轻率或任性的固执，或目空一切，或刚愎自用，或一意孤行。人们把目光短浅的狂妄叫做自信，却不在意其盲目；人们把阻言塞听的自负叫做自信，却不在意其狭隘；人们把掩耳盗铃的鲁莽叫做自信，却不在意其愚昧。自信仿佛成了点缀个性的奢侈之品，体现性格的装饰之物。

真正的自信是一种睿智，那是胸有成竹的镇静、是虚怀若谷的坦荡、是游刃有余的从容、是处乱不惊的凛然。

23. "成大事者不谋于众"，这一原则通俗地说，就是谋求特别重大的事情，不必与人商量。因为谋求非常重大事情的人，自己必定有非同一般的眼光、心胸与气度，自己看准了，去做就是了，如果去和别人商量，反倒麻烦。首先，如果别人见识低下，心胸狭小，气度平凡，必定不理解你的想法。七嘴八舌，会动摇你的意志，也会破坏你的信心和情绪。第二是人多心杂，还会出现走漏风声、葬送机会的可能。

24. 到华盛顿观光的游客总不免要到华盛顿纪念碑一游。不过纪念碑游客如云，导游大概会告诉你，如果排队等着乘坐电梯上纪念碑顶部，需要等上两个钟头。但是他还会加上一句："如果你愿意爬楼梯，那么，一秒钟也不必等。"

仔细想想，这句话说得多么真切！不止华盛顿纪念碑如此，对于人生之旅又何尝不是！说得更精确一点，通往人生顶峰的电梯不只是客满而已，它已经有故障了，而且永远都修不好，每一个想要往上爬的人都必须老老实实地爬楼梯。只要你愿意爬楼梯，一步一步，那么，我们将在顶峰相会。

25. 人能不能干成大事，首先要看他有没有激情。

如果一个人很穷，而又成天无精打采，没有受到重大打击，你却难得看到他眉飞色舞的样子，更别指望他能感染旁人。他总是按部就班，很难出大错，也绝不会做到最好。这样的人，你能想像他会冒风险、顶压力，克服种种困难，领导一个团队创业成功吗？

没有激情就无法兴奋，就不可能全心全意投入工作，不可能创造性地解决工作中的难题，更不可能有创业的力量和勇气，要成为团队的领袖，更是妄想。

大部分的穷人不能说没有激情，但是他的激情总是消耗在太具体的事情上：上司表扬了，他会激动；商店打折了，他会兴奋；电视里破镜重圆了，他的眼泪一串一串往下流。但是，你能说他有激情吗？他有的只是一种情绪，而不是一种对生命的认知和冲动。

"燕雀安知鸿鹄之志"、"王侯将相，宁有种乎"，有这样的激情，穷人终将不会是永远的穷人！

26. 许多人都迷信"鹬蚌相争，渔翁得利"这一说法，一些官场之人也因此信奉"和事佬"、"逍遥派"的做法，认为这样不仅可保自己无事，还可积聚实力，待两虎相争一死一伤之际再出手，稳操胜券。这种策略在特定时期确实有其独到的作用，但是天下没有白吃的午餐，现成的便宜也并非那么好捡。

此计也大抵只有在以下两种情况下才有效。其一，远离是非之地，以保自身清白和利益，此为消极遁世之举，为求自保而已；其二，几支势力竞争之时权作壁上观，待两败俱伤时再来收拾残局，信手拈来，毫不费力，此为积极之举，隐含以静制动之道理。对于想成就一番事业不虚此生的人来说，第一种显然背道而驰，毫不足取，第二种虽有其利，但一个最重要的前提却是：你必须已有一定的实力，这样才能坐收渔利，否则自身尚且难保，何谈其他？

由此可见，如果要想有作为，就必须有一番积极入世的态度，就像比赛一样，要想成为获胜者，首先要参加比赛，至于如何取胜，可以利用各种形势变化，采取不同的手段。倘若做赛场上的看客，永远只能为别人的胜利欢呼。在社会上也是如此，倘若一直以事外之人自处，必然为社会所抛弃。

社会动荡不安，急剧转型之时，须有明变的见识，更须有挺身入局的胆气。

27. 有一天，女儿上学回来，向我报告幼儿园里的新闻，说她又学会了新东西，想在我面前显示显示。她打开抽屉，拿出一把小刀，又从冰箱里取出一只苹果，说："爸爸，我要让您看看苹果里头藏着什么。"

"那是什么呢，应该是种子吧？"我说。

"来，还是让我切给您看看吧。"说着她把苹果一切两半——切错了。我们都知道，正确的切法应该是从茎部切到底部窝凹处，而她呢，却是把苹果横放着，拦腰切下去。然后，她把切好的苹果伸到我面前："爸爸，看哪，里面有颗星星呢！"

真的，从横切面看，苹果核果然呈一个清晰的五角星状。我们这一生不知吃过多少苹果，总是规规矩矩地按正确的切法把它们一切两半，却从未疑心苹果里还有什么其它的图案！

是的，如果你想知道什么叫创造力，往小处说，就是切苹果——切"错"的苹果。我们往往因循守旧，一成不变地按照别人的生活方式生活下去，孰不知，有时稍作改变，会发现一片惊奇的天空。

28. 卓别林在进入演艺圈的最初一段时间，煞费苦心地去模仿当时一个名闻遐迩的喜剧大师，结果自己始终默默无闻。后来，卓别林根据自己的特点创造出了自己的表演风格，这才使他成为有史以来最伟大的电影明星之一。

爱默生曾经说过："羡慕就是无知，模仿就是自杀。"无论是历史上，还是现实生活中，不知道有多少天赋非凡的模仿者，由于遗忘或者故意掩饰自己的特点，最终都一事无成，沦为追随他人的牺牲品。

当然，模仿别人并不是完全不可以的。有时候，模仿一些成功者的想法和做法是十分必要的。但是，除非根据自己的特点去模仿，在模仿的过程中融入一些真正属于自己的东西，否则，成功和自由是不可想像的。

29. 借口是一种恶行，无论你做任何事情，一旦找借口了，那就永远做不好这件事，也一定不会取得最终的成功。

巴顿将军准备提拔一名将领，他想出了这样一个办法。他对候选的人们说："伙计们，我要在仓库后面挖一条战壕，8英尺长，2英尺宽，5

卷八 时刻反省：反省自己，反省他人

· 161 ·

英寸深。"他就说了这么多,然后,他趁众人不备,走进仓库,通过窗户观察他们。

他看见候选的人们把铁锹和铁镐都放到仓库后面的地上。他们休息几分钟后,开始议论为什么要他们挖这么浅的战壕。他们有的说这么浅的坑还不够当大炮掩体。还有人争论说,这样的战壕太热或太冷了。如果是军官,他们就会抱怨他们不应该干挖战壕这么普通的体力劳动。最后,有个士兵对别人喊了一句话:"让我们把战壕挖好后去休息吧,那个老废物想用战壕干什么都没关系!"

最后,巴顿将军提拔了他,就是不找借口完成任务的那个人。

30. 有人说:"依赖就像生锈的机器一样,比操劳更能消耗人的能量。依赖成性的人,就像断不了奶的婴儿离了母亲便会饿死一样,失去了依靠只能趴在地上。"这话虽然残酷,但却一针见血地指出了依赖者的危机,不知是否能点醒依赖成性的人们。

每个人都一样,<u>一旦发现自己具有依赖性格,就一定要及时纠正</u>,以免形成依赖型人格障碍。从依赖的危害我们可以看出,一旦深度的依赖开始发生,一些更大的残缺就不可避免的形成。更何况,在漫长的人生中,虽然人与人之间的相互支持帮助是可贵的,但没有任何人可以或者愿意完全承载另一个生命的进化与发展,永远地牵着你的手,让你避开每一个失误。

所以,对别人的依赖既不明智,也不可靠。

31. <u>我们没有认清问题的关键所在,没有找到问题的实质,比采用错误的解决方式还要糟糕。</u>

我们常常不能认清所面临的问题的实质,而是把注意力集中在凭空想像的问题,或者由根本问题衍生出的问题。由于处理凭空想像出的问题或毫无关系的问题并不能解决真正的矛盾,所以真正的问题并没有得到解决，我们也就无法高兴起来。

更多的时候，我们反复尝试毫无用处的解决办法。即使一种尝试反复被证明是无效的，我们还一如既往，而不去考虑新的更有效的解决方式。

就像《灰姑娘》里的姐姐们一样——她们执意把自己的脚往狭小的水晶鞋里塞，误认为如果自己足够努力，坚持到底，就会达到目的。

32. 我们花了许多时间去谴责别人。

因为我们希望从别人那里得到的东西，比他们愿意给予的还要多，所以我们经常会感到失望。

当我们的预期不能实现时，我们就会强烈地抱怨几乎每一件事，以及除自己之外的每一个人。

我们不会责怪自己想要得到而不能得到的东西，这是政府的过错，配偶的过错，孩子的过错，或者是任何可抱怨的人的过错。

33. 在荷兰，有一个刚初中毕业的青年农民，借助他研磨60年的镜片，终于发现了当时科技尚未知晓的另一个广阔的世界——微生物世界。从此，他声名大振。只有初中文化的他，被授予了他看来是高深莫测的巴黎科学院院士的头衔。就连英国女王都到小镇上拜会过他。

创造这个奇迹的小人物，就是科学史上鼎鼎有名的、活了90岁的荷兰科学家万·列文虎克，他老老实实地把手头上的每一个玻璃片磨好，用尽毕生的心血，致力于每一个平淡无奇的细节的完善，终于他在他的专注里看到了他的上帝，科学也在他的专注里看到了自己更广阔的前景。

一位智者说，即使是最弱小的生命，一旦把全部精力集中到一个目标上也会有所成就。而<u>最强大的生命如果把精力分散开来，最终也将一事无成</u>。

伟人之所以成为伟人，成功者之所以能超越芸芸众生，原因就在于他们能够全身心地追求某一目标，全力以赴，矢志不移。

34. 贺拉斯·格里利曾经说："一个人如果根本不在乎别人的时间，那么，这跟偷别人的钱有什么两样呢？浪费别人的一小时跟偷走别人的5美元有什么不同呢？况且，有许多人工作一小时的薪水要比5美元多得多。"

华盛顿总统每天4点钟吃饭，有时候应邀来吃饭的国会新成员会迟到。于是，华盛顿就自顾自地吃饭而不理睬他们，这令他们感到很尴尬。华盛顿常说："我的表只问时间到没到，从来不问客人有没有到。"一次华盛顿的秘书迟到了，并借口说自己的表慢了。而华盛顿却说："或者你换块新表，或者我换个新秘书。"

积累成功资本的第一步，往往是拥有办事一贯准时、从不拖延的好名声。有了这第一步，成功自然会招手即来。

35. 大人物与小人物的区别之一就是，大人物认识的人比小人物多。从这点来看，做一个大人物并不十分困难，只要你能主动地把手伸给陌生人。

36. 英国乡下流传着一种抓野鸡的老办法，简单却有效。

农夫先往地上撒些玉米粒儿，然后在玉米粒儿最多的地方拉起一张网，网和地面之间留出两尺左右的距离。然后他就安心地去地里干活，单等收工时回来取猎物。

野鸡机警善飞，农夫却几乎每天都有收获，这是为什么呢？

原来，当野鸡确定四下无人的时候，就会飞到网子附近，低头啄食地上的玉米粒儿。

它们边走边吃，从不抬头，就这样一直走到了网下。等它们吃光地上所有的玉米粒儿，便把头一抬，拍拍翅膀往上飞，当然就自投罗网了。这时只要它们一低头就能从网下面走出来，但被网罩住的野鸡惊惶失措一个劲儿往上飞，直到最后筋疲力尽再也动弹不得，只能束手就擒。

野鸡的失误教给我们做人的 3 条原则，首先，<u>不要为了眼前利益而低头弯腰，误入歧途</u>；第二，<u>得志时避免把头昂得太高</u>；第三，<u>该低头时就低头，不要光想往高处飞，一辈子困在自负的网里</u>。

37. 美国总统林肯，约见朋友向他推荐的一位才识过人的阁员时，发现这位阁员相貌丑陋，于是他没有任用那位阁员。当朋友愤怒地责怪林肯以貌取人，说任何人都无法为自己的相貌负责时，林肯对此解释说："一个人过了 40 岁，就应该为自己的面孔负责！"

相貌是与生俱来的，是无法选择的，但人表现出来的气质与外表却是依靠自身来改变的。

有一位行为学家曾做过一个实验，他本人以不同的打扮出现在同一个地点。当他身穿西服以绅士模样出现时，无论是向他问路或问时间的人，大多彬彬有礼；当他打扮成无业游民时，接近他的多半是流浪汉，或是来借火的，或是来借烟的。这说明，一个人的外在仪表即使不会是全部，至少也会部分地反映他的个性、爱好和人品。因此，一个有良好品格和品位的人，不会对他的外在形象掉以轻心。

38. 夸大和说谎之间的界线是很小的，有些人吹牛吹得没有分寸，而不顾真实了。更可悲的是，这些人不久就开始相信自己所夸大的事实了。

巴菲特在贝克夏·哈斯维公司 1985 年的年报中讲了这样一个故事：一个石油勘探者，正在向他的天堂走去，但圣·彼得对他说："你有资格住进来，可是为石油职员保留的大院已经满员了，没办法把你挤进去。"这位勘探者想了一会儿后，请求对大院里的居住者说一句话。这对圣·彼得来说似乎没有什么坏处，于是，他同意了勘探者的请求。这位勘探者拢起嘴大声喊道："在地狱里发现石油了！"大院的门很快就打开了，里面的石油职员蜂拥而出。圣·彼得非常惊讶，于是请这位勘探者进入大院并要他自己照顾自己。勘探者惊疑了一下说："不，我认为我应跟着那些人，这个谣言中可能会有一些真实的东西。"

39. 在我们周围有无数青年人，他们用自己的力量努力拼搏，站在了最优秀人群的前列，成为对社会有用的公民。他们无愧于授予给他们的所有荣誉。

而大部分富豪的子孙们却难以抵制住先辈们留下的一大笔财富的诱惑，沦落为对社会没有任何意义的寄生虫。如果我能够决定的话，我宁愿给一个年轻人留下一些磨难让他去承受、去磨砺，而不是留给他万能的金钱，让金钱成为他的负担和重压。

值得你们害怕的竞争对手不是来自这个富有的阶层，不是你的那些富有的合作伙伴的后代子孙们，<u>你要时刻警惕的竞争对手是那些来自贫穷家庭的贫穷的青年们，那些比你还要贫穷的青年人</u>。

40. 在社会上，<u>一个人可以没有文化，没有能力，没有财产和地位，然而，只要他具有纯正而卓越的品格，他就一定会产生影响，一定会赢得人们的尊重</u>。

那些受人欢迎的人，那些极具个人魅力的人，在培养那些点点滴滴的受人欢迎的品质时都遭受过很多的磨难，经历过很多的痛苦。

那些天生不善交际的人，只要能像那些具有高贵品格的人一样，肯花费同样的心思，肯经受同样的磨砺，也会创造同样的奇迹。

另一方面，我们鄙视唾弃另外一种人，他们时时处心积虑想从你那儿得到什么，他们会在公共汽车或音乐厅里左挤右扛，为的是能在别人前面找到最好的位子，他们总去抢最舒服的座位，他们总是坐在餐桌上最容易伸手夹菜的位置。无论在餐厅，还是在旅馆，他们总是目中无人，抢占位置，让别人在他们后面排队等候。

而高贵的品格会给你带来最大的益处。

41. 如果一个年轻人相信运气会从天而降，他就会不断地拒绝各种机会，因为那些机会都不够好，他所要的是大名厚利、高职爵位，他不屑从基层起步。我们可以想像，不久人们便懒得给他任何机会了。一味相信运气，使这个年轻人丧失了许多机会。而他一生很可能就这样耗费掉了。

很多成功的人，总是谦逊地说："运气真好。"但我们应该知道，经验与判断力才是他们的利器。坐等运气的人，往往以空虚或灾难临头收场。他们也许会在偶然的一个机会里暴富，但这种繁华很容易变成过眼云烟。大起大落的人，通常是最相信运气的人。

42. 孔子曾说过："夔有一足。"有人理解为孔子说夔只有一只脚。其实孔子的意思是说：夔有一技之长，足够了。夔的一技之长是什么呢？就是精通音乐。

的确，一个人若有一技之长就足以托身。如果技艺很多，却没有一样拿得出的东西，就难以摆脱困境，更难以脱颖而出。

43. 杰出的鸟类学家奥杜邦，曾在森林中刻苦工作了很多年，精心地制作了 200 多幅鸟类图谱，它们具有极其重要的科学价值。但不幸的是，在路上这些画被老鼠给糟蹋了。回忆起这段经历，他简直都无法接受这个现实："强烈的悲伤几乎穿透我的整个大脑，我连着几个星期都在发烧。"但是，当他身体和精神得到一定的恢复以后，奥杜邦就又重新背起背包，走进丛林，从头开始。

即使你失去了其他任何东西，都不要失去勇气、毅力和坚定的信念，这才是无价之宝，需要你竭尽全力去保持的。

44. 有个飞行员在太平洋上独自漂流了20多天才回到陆地，有人问他，从那个历险中他得到的最大教训是什么。他毫不犹豫地说："那次经历给我的最大教训就是：只要还有饭吃，有水喝，你就不该再抱怨生活。"

45. 孩子们总是喜欢公平的游戏规则，成年人则希望获得公平的竞争机会。

然而，现实世界是不公平的。有人生于名门，长于富贵；有人生于贫穷，长于困苦；有人天生残疾，有人生来健康；有人生得靓丽，有人长相丑陋；有人每天吃鲍鱼喝燕窝，有人每天吃粗粮喝开水；有人工作不多，报酬却很高；有人能力不强，却因受宠而晋升……

"生活是不公平的，你要去适应它。"这是世界首富比尔·盖茨众所周知的名言之一，也是他自己的人生感悟。

46. 有一个人遇见上帝，上帝对他说："从现在起，我可以满足你任何一个愿望，但前提是你的邻居会同时得到双份的回报。"

那个人高兴不已，但他细心一想：如果我得到一份田产，邻居就会得到两份田产，如果我要得到一箱金子，邻居就会得到两箱金子，更要命的是如果我得到一个绝色美女，那个看来一辈子要打光棍的家伙就会同时得到两个绝色美女了。他想来想去，不知提出什么要求才好，他实在不愿被邻居占尽便宜。最后他一咬牙："哎，你挖掉我一只眼睛吧！"

47. 《挪亚的皮革商》是英国小说家查尔斯·里德的作品，其中有这样一段：那个老是欠债不还的小职员还是积习难改，他在下定决心后忽然感到一阵困意袭来，于是便昏昏睡去。过了很久，他从沉沉的梦中醒过来，朝着那些收据最后看了一眼，嘴里还喃喃地说："哦，我的头怎么这么沉！"但是，他马上坐了起来，又自言自语地说："明天——我——要把它带到——彭布鲁克去。明天……"当第二天到来时，警察发现他已经去了天堂了。

<u>只有魔鬼的座右铭才是明天</u>，明天对懒散而又无能的人来说是最好的托辞。很多本来才智超群的人，留在身后的仅仅是没有实现的计划和半途而废的方案。

48. 一个人去朋友家做客，一见面她就对她的朋友说："亲爱的，你知道我丈夫最近发生什么事了吗？""怎么啦，是不是你丈夫生病了？"她的朋友急切地问。

"不是的！难道你就不能往好处想想吗？他昨天升职了，被公司提拔为总经理了！"

可能这是我们每个人的通病，有人这么问我们的时候，我们总是把事情往不好的一面想。其实，生活中不缺少快乐，而是我们自己把自己拉到了忧虑的边缘。很多事情，如果你换个角度去看它，也许你的心情就会大变。

49. 托尔斯泰曾讲述过这样一个故事：某男深深伤害了一个女子，为了报复，她劫走了男人年幼的孩子，并把这个孩子交给巫师，请求巫师用最凶残的方法报复。不久，巫师说他已实施了报复。这个女子前去看结果，不看则罢，一看大怒。原来，那个孩子居然被一富翁收养了！她立即责问巫师，巫师叫她不用急，等着瞧就是了。后来，孩子在骄奢的环境中成长，没有长成强健的体魄，没有练就坚忍的意志，更没有养成吃苦耐劳的习惯。在家庭突然破产的沉重打击下，软弱无能的他，生活每况愈下，生不如死。在挣扎了一段时间后，他选择了自杀。

卡耐基说："不要以为富家子弟都很幸运。很多纨绔子弟，做了金钱的奴隶，他们贪图享乐，以致堕落腐化。而那些穷苦的孩子，有的甚至苦得连念书的机会都没有，但他们长大后却成就了伟业。"

50. 清醒的人永远比混沌的人更痛苦，他看得清世界的本源，他企图唤醒众人，众人却说他们是傻子、是疯子、是罪人。

钱玄同创办《新青年》时遇到了些阻碍，他向鲁迅约稿，鲁迅问他："假如一间铁屋子，是绝无窗户而万难破毁的，里面有许多熟睡的人们，不久都要闷死了，然而从昏睡入死，并不感到死的悲哀。但现在你大嚷起来，惊起了较为清醒的几个人，使这不幸的少数者来受无可挽救的临终的苦楚，你倒以为对得起他们么？"钱玄同答道："然而几个人既然起来，你不能说绝没有毁坏这铁屋子的希望。"

51. 拖延往往会生出一些悲惨的结局。一个人身体不好，应该就医，而拖延着不去就医，以致病情严重，或竟不治；凯撒在接到密报之后，没有立刻展读，结果一到议会就丧失了生命；拉尔上校正在玩纸牌，忽然有人递了一份报告说，华盛顿的军队已经进展到德拉瓦尔了。但他只是将来件塞入衣袋中，等到牌局完毕，他才展开那份报告，待到他调集部下出发应战，时间已经太迟了。结果全军被俘，而自己也因此战死。仅仅是几分钟的延迟，就使他丧失了尊荣、自由与生命！习惯中最为有害的，莫过于拖延，世间有许多人都是为这种习惯所伤害，以致造成悲剧。

本 章 精 义

1. 世界上没有和你一模一样的人
2. 在一个竞争的环境下，友情难以保持原味
3. 善待自己
4. 别跟猪打架
5. 成大事者，不谋于众
6. 不只做看客
7. 据理力争，或许偶然能让你得到一些胜利的快慰，但那胜利是空洞的
8. 做人的3条原则：一是不要为了眼前利益而低头弯腰，误入歧途；二是得志时避免把头昂得太高；三是该低头时就低头，不要光想往高处飞，一辈子困在自负的网里

卷九 你到底想要什么

changes your life the secret

1. 请尝试，尝试，再尝试。当你精疲力竭时，你要抵制回家的诱惑，再试一次，请一试再试！凡事只要锲而不舍，成功就不是遥不可及的。

2. 远离那些消极、怯懦的人，他们只会给你带来负面的效应。

不管你的名声多么完美，它除了根据你所说的或是你所做的事来加以评判以外，你所交的朋友也会影响他人对你的评价。

一个最好的原则，就是避免与那些消极负面的人牵连到一起，不要让人看见你正在跟一些名声不好的人在一起，有时候你的确不知道那些人名声不好，不过一旦你知道了，就要赶快跟他们断绝关系。

去找寻一些你所能知道的、可以信赖与依靠的老实人。

要跟胜利者、头号人物交往，而避免与输家和消极者纠缠在一起。因为他们常常在潜移默化地影响着你。

3. 你对于自己领悟出的思想，是不是比别人用银盘子盛着交到你手上的那些思想，更有信心呢？既然是这样，如果你要把自己的意见硬塞到别人的脑袋里，岂不是很愚蠢的做法吗？提出建议，然后让别人自己得出结论，这么做不是更聪明一点吗？

在没有阐明自己的观点的情况下，先把道理讲透彻，把问题的利弊摆在桌面上，然后让对方做选择。这种方法表面上是让对方做决定，其实在你把道理讲明白的情况下，对方已经没有其他路可以走，只能按照你的想法行事了。

一个结论，如果你自己来劝说对方接受，有时候是一件非常困难的事情。这时候，你应该换一种方法，尽量提供信息，或者运用比喻暗示的方法，让对方自己得出这样的结论。

人们所相信的事实，是他们所认知和了解的。如果你把事实强加给别人，他们是不会接受的，因为这一切都是我们告诉他的。所以我们要坚持一种理念，一种简单有效的理念，那就是：<u>如果是我说的，人们会质疑；如果是他自己得出来的，那就是事实了。</u>

4. 几千年来，人们坚信不疑地认为要让一个人在4分钟内跑完1英里的路程是不可能的。自古希腊开始，人们就一直在试图达到这个目标。传说中，古希腊人让狮子在奔跑者后面追逐，人们尝试着喝真正的老虎奶，但这些办法都没有成功。人们坚信这在生理上是办不到的，人的骨骼结构不符合要求，肺活量不能达到所需要的程度。

而当罗杰·班尼斯特打破了4分钟跑1英里这一极限后，奇迹便出现了，一年之内竟然有300位运动员达到这一极限。我们怎么解释这一现象呢？可以看到，训练技术并没有多大突破，而人体骨骼也不会在短期内有很大改善，所改变的只是人们的态度。人们不再认为那是一件生理上不允许的事情，而是可以达到的。相信自己的力量，这是多么不可思议啊！

5. 除非你表示这件事能使他获得利益，否则，尽管你有充沛的热忱，尽管你已经浅显易懂地向他表达，他还是不会接受你的。

被认为最懂得说服别人技巧的曾任美国总统的亚伯拉罕·林肯，在100年前就曾经说过："当我和别人谈判时，我用2/3的时间考虑对方的主张，以及他可能将要提出来反驳我的理由，剩下的1/3的时间，才考虑自己的主张。"

杰克逊走进在费莱尔的一位著名鼻喉专家的诊室，在那位大夫还没有看杰克逊的扁桃腺之前，他便问杰克逊的职业是什么。他对杰克逊的扁桃腺的大小不感兴趣，他关注的是杰克逊的钱袋大小。他最关心的不是他能否帮病人解除痛苦，他最关心的是能从患者那儿得到多少钱。结果是他什么也没有得到，杰克逊生气地走出了他的诊室，蔑视他缺乏人性。

任何人都最关心自己的利益。所以，你要多多考虑对方立场，把问题的焦点放在"对方的利益"上。否则，纵使你懂得许多说服别人的技巧，你也不可能奏效。

6. 一块手表可能有着最精致的工艺，可能镶嵌了名贵的宝石，然而，如果它缺少发条的话，仍然毫无用处。人也是如此，不管一个人受过多么良好的教育，也不管他的身体有多么强健，如果他缺少积极的心态，那么他拥有的条件无论是多么优秀，也都是一种浪费，都没有任何意义。

不管一个人受过多么良好的教育，也不管他的身体有多么强健，如果他缺少积极的心态，那么他拥有的条件无论是多么优秀，也都是一种浪费，都没有任何意义。

7. 智者教导人们万事有恒，而许多事物却是一开始就注定了要失败的，但仍有固执者不肯在中途放弃那些东西直至同归于尽。壮士断腕是因为他清楚断腕后的价值更高。

人生最大的教训之一，是要懂得如何割舍。

放弃，不是自认失败，而是在寻找成功的契机，今天的放弃是为了明天的得到。放弃，也许使你为期待的目标失去了好多，有些甚至是很珍贵的，可你却不应该后悔。你要知道：没有放弃，就不会有更牢固的拥有和获得。

一扇门在我们面前关闭了，会有另外几扇门同时敞开。与其费时费力地去开启那扇业已关闭的门，不如轻松地去寻找那些敞开的门。

培根曾说：一件事做得太慢，费时太多，无异于一件东西买得太贵。

8. 法国研究人员用科学验证了牧羊人数千年来的直觉：叫得越厉害，叫声越大的羊羔，存活概率最大。

关于叫声的电脑剖面显示，每只羊都有自己独特的声音，而且可以改变声调，这使羊妈妈和小羊能在一个嘈杂的大羊群里找到对方。法国国家农业研究所研究人员弗雷德里克·瑟比表示："最擅长用叫声进行沟通的小羊存活概率最大。

在鸟类的王国里也是如此：那些叫声特别响亮，嘴巴张得特别大的雏鸟得到喂食的机会就多，而那些叫声特别弱的雏鸟，半天吃不到一口，就会被自然淘汰。

那么做人呢，是不是只有勇于和善于与人沟通，成功的可能会更大一些呢？

9. 一位父亲带着儿子去参观凡高故居，在看过那张小床及裂了口的皮鞋之后，儿子问父亲："凡高不是一位百万富翁吗？"父亲答："凡高是连妻子都没娶上的穷人。"第二年，这位父亲带儿子去丹麦，在安徒生的故居前，儿子又困惑地问："爸爸，安徒生不是生活在皇宫里吗？"父亲答："安徒生是鞋匠的儿子，他就生活在这栋阁楼里。"

这位父亲是一个水手，他每年往来于大西洋各个港口，这个儿子叫伊东布拉格，是美国历史上第一位获普利策奖的黑人记者。

20年后，伊东布拉格在回忆童年时说："那时我们家很穷，父母都靠出苦力为生。有很长一段时间，我一直认为像我们这样地位卑微的黑人是不可能有什么出息的。好在父亲让我知道了凡高和安徒生，这两个人让我明白，上帝没有轻看卑微。"

法国有一位著名的心理学家，叫做伊尔·索尔芒，调查了全世界的18个贫困的国家，得出结论是：人类最大的敌人不是灾祸，不是瘟疫，不是令人憎恨的战争，人类最大的敌人就是自己。

自己的懦弱，自己的虚荣，自己的恐惧，自己都不相信自己的时候，你就什么都完了！

10. 托斯卡尼尼是举世闻名的指挥家。他到过很多地方,指挥过无数的乐团,也见过无数的达官显贵。80岁时,儿子好奇地问他:"您觉得您一生做过最重要的事是什么?"

托斯卡尼尼回答说:"我现在正在做的事,就是我一生中最重大的事。不管是在指挥一个交响乐团,或是在剥一个橘子。"

有人问凡高:"你的画里面哪一张最好?"他说:"就是我现在正在画的这一张。"几天之后,那个人再问他同样的问题,凡高说:"我已经告诉过你,就是我现在正在画的这一张!"

是的,<u>你现在正在做的事,就是你生命中最重要的事——即使是在剥一个橘子。</u>

11. 许多年以前,一只狐狸与一只兔子,在酒吧里喝着名字叫"酷"的酒。话题转向它们共同的敌人——猎犬。狐狸吹嘘说它一点也不害怕那些猎犬,因为它有许多脱逃的方法。它说假如猎犬出现,它可以躲到阁楼里藏身,直到危机解除;它可以像闪电般跑出屋外,猎犬无法逮住它;它可以把身体潜进河里,直到猎犬失去了它的踪迹为止;它可以兜圈子,将猎犬弄得团团转,然后它可以爬到树上看着它们。是的,它的方法有很多,也有高度的信心。

这时的兔子,由于相当胆小并且不好意思地承认,假如猎犬来了它只知道一件事,就是像只"受惊吓的兔子"般的逃跑。

正当兔子说话时,它们听到了猎犬的吠声。兔子如它自己所说的翘起屁股,飞快地逃跑。狐狸迟疑着,不知该到阁楼里藏身、或像闪电般跑出屋外、或把身体潜进河里、或是兜圈子把猎犬弄得团团转然后爬到树上。当它在考虑该使用哪一种方法时,猎犬已经冲到面前并咬住了它。

就像有人有很多双鞋子一样,他每次出门前总要考虑今天穿哪双,哪双更好看更流行,所以他很晚才出门;而<u>有人只有一双鞋子,他每次出门前不用考虑穿哪双,所以他很早就出门了。</u>

12. *付太少的价钱买商品是不明智的*。当你付多了，损失的只是小钱；而你付太少，有时因为你买的东西，不是自己最需要的而损失了一切。若你付了最低的价格，就一定要负担相对的风险。

如果你付了 59.5 美元却带着 169 美元的鞋子从鞋店里走出来，虽然你要的是 70 号而只找到 69 号；虽然你穿的时候感觉太紧，很不舒服，但你还是买下来了，因为这样可以省下超过 100 美元，而且还买到了很漂亮的鞋子。

一旦你穿上它，脚就开始难受，但你还是坚持穿着它们上街。这是你第一次也是最后一次穿着它们。花 60 美元穿一次，价钱相当昂贵。

你不觉得虽然付了高价、但买了合自己尺寸的鞋子，并且可以穿好几个月更好吗？

比预期价多付一点会比少付一点更好。在前一种选择下，会只损失几元，但选择后者，你却输光了。

13. 几十年前，美国人达比和他叔叔到遥远的西部去淘金，他们手握鹤嘴镐不停地挖掘，几个星期后，他们终于惊喜地发现了金灿灿的矿石。于是，他们悄悄将矿井掩盖起来，回到家乡马里兰州的威廉堡，准备筹集大笔资金购买采矿设备。

不久，他们的淘金事业便如火如荼地开始了。当采掘的首批矿石被运往冶炼厂时，专家们断定他们遇到的可能是美国西部罗拉地区藏量最大的金矿之一。达比仅仅只用了几车矿石，便很快将所有的投资全部收回。

然而，达比万万没有料到，正当他们的希望在不断升高的时候，奇怪的事发生了：金矿脉突然消失！尽管他们继续拼命地钻探，试图重新找到矿脉，但一切都是徒劳。好像上帝有意要和达比开一个巨大的玩笑，让他的美梦从此成为泡影。万般无奈之下，他不得不忍痛放弃了几乎要使他们成为新一代富豪的矿井。

接着，他们将全套机器设备卖给了当地一个旧货商，带着满腹的遗憾和失望回到家乡威廉堡。

就在他们刚刚离开后的几天，这个收废品的商人突发奇想，决定去那口废弃的矿井碰碰运气。他请来一名采矿工程师考察矿井，只做了一番简单的测算，工程师便指出前一轮工程失败的原因：是由于业主不熟悉金矿的断层线。考察结果表明：更大的矿脉其实就在距达比停止钻探3英寸的地方。

<u>人们经常在做了90%的工作后，放弃最后可以让他们成功的10%。这不但输掉了开始的投资，更丧失了经由最后的努力而发现宝藏的喜悦。</u>

14. 有位著名的心理学家，在他的小女儿要上学的那天，开车送女儿到小学门口。在女儿临下车之前，他告诉小女儿，在学校里要多举手——尤其在想上厕所时，更是特别重要。

小女孩真的遵照父亲的叮咛，不只在上厕所时记得举手；老师提问时，她也总是第一个把手举起来；不论老师所说的所问的，她是否了解，或是否能够回答，她总是举手。

这个小女孩天天如此，老师自然而然就对这个女孩的印象非常深刻。不论她举手发问，或是举手回答问题，老师总是不自觉地优先让她开口。而因为得到了许多优先权，竟然令这位小女孩无论在学习成绩，还是在许多其他方面的成长，都大大超越了她的同学们。

<u>多多举手</u>，正是那位心理学家交给他女儿在学习、生活中的利器。

15. 美国汽车工业巨头福特，曾经特别欣赏一个年轻人的才华，当时很想帮助这个年轻人实现他的梦想。可当福特找这个年轻人聊天时，却被他的"理想"吓了一大跳。原来这个年轻人一生最大的愿望是赚1000亿美元，这是当时福特财产的100倍！

"你要那么多钱做什么？"福特好奇的问道。

年轻人迟疑了一下，但还是回答了福特："我也不知道为什么想要那么多钱，我只是觉得有那么多钱才算成功。"

福特说："一个人如果拥有那么多钱，将会威胁整个世界，我看你还是先别考虑这件事吧，况且，你要记住，不切实际的梦想往往比没有梦想还可怕。"

此后的5年里，福特都没有再见到这个年轻人。直到有一天，这个年轻人打电话告诉福特，他想创办一个学校，但他只有10万美元，至少还缺少10万美元，希望福特能帮助他。从这个时候起，福特开始资助这个年轻人，他们再也没有谈起那1000亿美元。

经过8年的努力，这个年轻人终于成功了，他就是著名的伊利诺大学的创始人——本·伊利诺斯。

人生应该有理想，有追求，有目标，但目标应该符合客观实际，符合自己的能力水平才行，好高骛远绝对是大忌。否则，就会白费精力，甚至终生一无所得。

若是为了一个根本不切实际的空想而一意孤行，就会像学习"屠龙之技"一样可笑。正像莎士比亚说的那样："人生最大的无聊，就是为了虚幻的事情而费尽辛劳。"

17. 你是否注意过这样一个奇妙的现象：当你健康、愉快的时候，你从来没有想到过自己的身体，只有当你生病或受伤后，你才意识到你的身体发生了变化，意识到自己竟是那样地愚昧无知。你会突然变得十分依赖医生，而且你会焦急地注视着他对你进行的触、望、查询、测检以及对你的过度关心，就好像你是一辆珍贵的过时汽车上的机器一样，医生正在怀疑是否能使它复原。

此时，你会对自己说，一旦身体好了，你就打算花一点时间去认识一下你的身体。但是，当你恢复了健康就忘记一切，直到下次身体有恙时，你又会重新许下同样的诺言。假如你准备去购买一辆汽车，你应该读它的介绍，去查明它提供的里程、类型，去阅读如何保养好它的有关说明，选择它的型号，以及了解它的辅助设备如何使用等等。一般来说，在支付你费尽艰辛挣来的钞票之前，你应该先变得相当有知识才行。而你自身所具有的"机械装置"，却是你花亿万元也无法买到的，你应该知道有关的一切：你不得不喂它，给它加水、冲洗、覆盖，偶尔还要让它休息。

有益的饮食和锻炼，它们能使你保持年轻，让你活得更长，而且在同一时期内，还使你少花许多的钱。你能想像，假如你从不吸烟，放弃那些低劣食品、糖果、香烟和酒，你会省下多少钱。

18. 能够成为成功者，是因为在人生许多重要的问题上，做了正确的抉择，这其中之一就是正确地选择了配偶。他们并不认为，另一半的外表是他们婚姻美满非常重要的因素。

<u>聪明是非常重要的择偶条件</u>，当然，其他的条件也很重要。他们会判断另一半是否诚实、乐观、可靠、有感情。他们在学校的时候，就已经学会如何正确判断他人。他们跟许多有不同社会背景的同学来往，因此培养出正确的判断能力，能分辨出是否真诚可靠，这对他们选择人生伴侣是很重要的。

百万富豪的离婚率比一般人都低。有专家认为，满意另一半的财务贡献，有助于维系婚姻关系。就整体而言，除了爱情与外貌的吸引力之外，他们都喜欢娶一个有能力管理企业的女人为妻子。

很多人都说，如果你想变成有钱人，就找个百万富翁结婚；或是跟百万富翁的女人结婚，你的另一半拥有许多财产，并且跟你分享。

这些说法都是错的。我们甚至不认为财富是婚姻美满的重要因素。有许多成功的企业家，都说过同样的话。

19. 曾有一位评论家说："男人在外面拈花惹草之后，回家往往会突然对妻子滔滔不绝说很多话。"这是很合乎规律的现象。因为一般人在深层心理有烦恼不安或恐惧等感情时，说话速度都会快得异乎寻常，以此自欺欺人，缓和内心的不安与恐惧。但是，由于没有冷静地思考，所以，即使说得滔滔不绝，内容却空泛无物。倘若女方是个感情细腻的人，必定可以看透他内心很不平静。

20. 国泰航空香港公司在宣布重返内地之前，已经有大部分的员工在开始自己掏钱去参加普通话培训班了。其实在香港，即使在美国的华人，讲广东话都非常普遍，而在内地北方人学广东话的也越来越多，甚至说广东话在许多场合还有一定的优势，如果要求员工使用普通话，香港的企业一般都会安排员工去统一学习，但是国泰的员工却回答说："公司的安排要等很久，不如早点自己去学。"

后来，国泰航空开辟了内地航线，这无疑给员工带来很多具有诱惑力的新职位，这个时候，能说普通话成了参与竞争的一个很重要的条件，而那些事先就去学习了普通话的员工自然具备了一大优势。

21. 英国作家哈尔顿为了编写《英国科学家的性格和修养》，去采访达尔文。达尔文的诚实是尽人皆知的，为此，哈尔顿不客气地直接问："你主要缺点是什么？"达尔文回答："不懂数学和新的语言，缺乏理解力，不善于合乎逻辑地思维。"哈尔顿又问："你的治学态度是什么？"达尔文回答说："很用功，但没有掌握学习方法。"听过这些话的人无不为达尔文的坦率和诚实而鼓掌。

你看在电视访谈节目中，面对媒体，越是身价大、真正有实力的人，越是容易直言以对，越是坦诚。反而是那些不太有实力的人，越是不痛不痒地说些套话。

22. 拿破仑·希尔说过，口袋里有钱，银行里有存款，会使你更轻松自在，你不必为别人怎么看你而过多忧虑，如果有人不喜欢你，没关系，你可以找到新的朋友。你不必为几百块钱的开销而操心，你可以潇洒地逛商品市场，自由地出入大酒店。

在生活中，我们常会看到一些经济拮据的人患得患失，有家的男人怕被解雇，当他为自己的某种嗜好花了几块钱时，会有一种犯罪感。因为这笔钱对他的家人来说可以买到其他必不可少的东西，因缺钱而产生的压力阻止他做自己想做的事，他的欲望受到压抑，他被缚住了手脚。

<u>只要头上顶着沉重的债务，任何人都无法把事情办得完美，任何人都无法受到尊重，任何人都不能创造或实现生命中的任何明确目标。</u>

23. 儒家讲："爱之欲其生，恶之欲其死，是惑也。"我们的心性的确是变化无常的。生命中充溢着这些反复无常、剪不断理还乱的惑。

比如，今天你在市场上买到一个青花瓷瓶，价钱公道，精雕细刻。回家以后，一会儿擦擦，一会儿端在手里看看，喜欢得不得了。朋友来了，拿出来展示，结果被他浇了一盆冷水："现在谁还买这样的老古董？早过时了，你看人家买的玻璃摆设，那才叫有品位呢！"等朋友走了，再把瓶子端在手里看，这下真不得了，瓶子一下子变得很难看，碑精雕细刻的手工，显得粗陋无比，原先的价钱公道也变成了低贱不值，愈想愈气，拿起瓶子就摔。这时，又有一位朋友来敲门，他是个收藏家。他捡起地上的碎片一看，不禁惊呼一声："这可是宝贝啊！"然后把这个瓶子的来龙去脉讲了一遍。

这时你会是什么心情？

在这个过程中，瓶子有贵贱、新旧的变化吗？没有。变化的只是我们自己的感觉。为什么我们会突然改变自己的态度呢？因为我们听信了别人的话。那么，我们为什么那么容易听信别人的话呢？因为我们没有自信。

24. 人们很难面对自己不如人的感受，当面对比我们优越的技艺、才华时，我们往往觉得不舒服。

　　这是因为大多数人的自我意识是膨胀的，当我们遇到胜过自己的人时，他让我们看清楚自己事实上是庸才一个，或者至少不如我们自以为的那样优秀。于是，我们就会产生嫉妒之心。我们天真地以为只要我们能拥有这位优秀人才的特质或技术，我们才会快乐。然而，当我们发现以我们的实力根本无法达到那种水平后，我们就会感到懊恼，不是恼恨自己无能，而是仇恨别人的才华。

25. 罗杰·罗尔斯是美国纽约州历史上第一位黑人州长，他出生在纽约声名狼藉的大沙头贫民窟。这里环境肮脏，充满暴力，是偷渡者和流浪汉的聚集地。在这儿出生的孩子，耳濡目染，他们从小逃学、打架、偷窃甚至吸素毒，长大后很少有人从事体面的职业。然而，罗杰·罗尔斯是个例外，他不仅考入了大学，而且当了州长。

　　在就职记者招待会上，一位记者对他提问：是什么把你推向州长宝座的？面对300多名记者，罗尔斯对自己的奋斗史只字未提，只谈到了他上小学时的校长——皮尔·保罗。

　　1961年，皮尔·保罗被聘为诺必塔小学的董事兼校长。当时正值美国嬉皮士流行的时代，他走进大沙头诺必塔小学的时候，发现这儿的穷孩子比"迷惘的一代"还要无所事事。他们不与老师合作，旷课、斗殴，甚至砸教室的黑板。皮尔·保罗想了很多办法来引导他们，可是没有一个是奏效的。后来他发现这些孩子都很迷信，于是在他上课的时候多了一项内容——给学生看手相。他用这个办法来鼓励学生。

　　当罗尔斯从窗台上跳下，伸着小手走向讲台时，皮尔·保罗说："我一看你修长的小拇指就知道，将来你是纽约州的州长。"当时，罗尔斯大吃一惊，因为长这么大，只有奶奶让他振奋过一次，说他可以成为5吨重的小船的船长。这一次，皮尔·保罗先生竟说他可以成为纽约州的州长，着实出乎他的预料。他记下了这句话，并且相信了它。

　　从那天起，"纽约州州长"就像一面旗帜——罗尔斯的衣服不再沾满泥土，说话时也不再夹杂污言秽语。他开始挺直腰杆走路，在以后的40多年间，他没有一天不按州长的身份要求自己。51岁，他终于成了州长。

26. 犹太人对知识表现出无比的敬重，被犹太人称为生活圣经的《塔木德》中说："宁可变卖所有的东西，也要把女儿嫁给学者。为了要得到学者的女儿，就是丧失所有的一切也无所谓。"对学者的敬重其实就是对知识的敬重。犹太人从小就把学习知识、钻研学问当作毕生的义务。久而久之，这便成了个人的习惯、民族的传统。

分析众多犹太商人的成功之路，发现他们大多是先通过钻研，成为某一行当的行家里手后以之起家的。与犹太商人打交道你会发现，犹太商人的知识面很广，眼界很开阔，像一个犹太钻石商人，很可能就连"太平洋西部有哪些特殊鱼类"这样的生僻问题都一清二楚。

27. 一代魔术大师胡汀尼有一手绝活，他能在极短的时间内，打开无论多么复杂的锁，从未失手。他曾为自己定下一个富有挑战性的目标：要在60分钟之内，从任何锁中挣脱出来，条件是让他穿着特制的衣服进去，并且不能有人在旁边观看。

有一个英国小镇的居民，决定向伟大的胡汀尼挑战，有意给他难堪。他们特别打制了一个坚固的铁牢，配上一把看上去非常复杂的锁，请胡汀尼来看看能否从这里出去。

胡汀尼接受了这个挑战。他穿上特制的衣服，走进铁牢中，牢门"哐啷"一声关了起来，大家遵守规则转过身去不看他工作。胡汀尼从衣服中取出自己的特制的工具，开始工作。

30分钟过去了，胡汀尼用耳朵紧贴着锁，专注地工作着；45分钟、一个小时过去了，胡汀尼头上开始冒汗了。两个小时过去了，胡汀尼始终听不到期待中的锁簧弹开的声音。他筋疲力尽地将身体靠在门上坐下来，结果牢门却顺势而开，原来，牢门根本没有上锁，那把看似很厉害的锁只是个样子！

门没有上锁，自然也就无法开锁，但胡汀尼心中的门却习惯性地上了锁，因而在面对无锁的门时，他那无形的心锁便锁住了他面前那无锁的门，难以打开。

28. 每个人都认为自己很重要。但是，只有当人们感到迫切需要你的时候，你才真正变成很重要。为达到这个目标，你应该设法提高自己的知名度。首先你要吃透一个习俗：那些忙碌兴旺的人物，都被看成是人们最迫切需要的人。

利用这个习俗，你可以找到提高知名度的有效办法。那就是，你可以为自己制造一种兴旺忙碌的形象，使别人知道你的顾客很多，你的崇拜者很多……总之，任何你所想要的美好事物，都给人留下一种"我已经有了很多"的印象。

人们都喜欢跟那些兴旺的人打交道，你越兴旺跟你打交道的人越多，跟你打交道的人越多，你就越兴旺。一旦人们知道你是他们迫切需要的人时，你的事业也就跟着繁荣兴旺起来了。如此良性循环下去，你目前的繁荣兴旺就会引来更大的繁荣兴旺，造成了你的事业永远昌盛不衰。

29. 当杜邦在法拉格特将军面前陈述未能攻陷切斯特城的种种原因时，法拉格特将军加补上了一句："此外，还有一个重要的原因你没有提到，那就是你不相信你能做成那件事。"

30. 如果你问一个人，他的生活目标和理想是什么，他可能会回答说："我至今仍未找到自己适合做什么，但是，我确信成功的关键是勤奋，我决心一生勤勤恳恳地努力工作，我想，生活会给我回报的。"

对于他的观点，我不十分赞同。难道聪明人为了发现金矿或银矿会把整个地球翻个遍吗？要知道，总是没有方向地四下张望的人，到头来只会一无所获。如果我们没有明确而具体的奋斗目标，那么我们最终获得的也不会是明确而具体的成果。只有方向明确并全力以赴，我们才会有所收获。落在鲜花上的昆虫不只一种，蜜蜂只是其中之一，但是，它是惟一从花朵上采到蜜的昆虫。

本 章 精 义

1. 抵挡住回家的诱惑
2. 让对方自己做决定
3. 多多举手
4. 不为虚幻的事情而费尽辛劳
5. 抑制住自己一夜暴富的冲动
6. 要跟胜利者、头号人物交往，而避免与输家和消极者纠缠在一起
7. 当你健康、愉快的时候，你从来没有想到过自己的身体
8. 不切实际的梦想往往比没有梦想还可怕
9. 你现在正在做的事，就是你生命中最重要的事——即使是在剥一个橘子

卷十 绝不忧虑

changes your life the secret

改变你一生的秘密

1. 犹太人说:"只有一种忧虑是正确的,那就是为忧虑太多而忧虑。"忧虑是无济于事的,它只会让你在同一个地方打转,然后回到起点。

这是无法改变的事实,你的忧虑不会造成任何的影响或改变,不是吗?而如果你为一件即将发生的事情而焦虑,你也知道这件事可能发生,也可能不发生。一种情况如同你所忧虑的一样发生了,那么忧虑只会减少你应付问题的能力。

现在把你的忧虑存货清查一番,假如你对自己够诚实,你将发现它们多半都是没有根据的。你还记得一年前所担心的事情吗?它们是如何解决的?你难道不是为了它们当中的大部分,浪费了许多精力而一无所获?

马克·吐温说过:"我已老迈,也知道很多麻烦事,却很少真的发生过。"忧虑就像假设的债务,但我们却在事先就支付了利息。

2. 关系到自己正常生活乃至生命的秘密,绝不可轻易告诉他人。但如果说了,又被传出去了,就不要怨恨朋友出卖了你。因为第一个说出这个秘密的人是你自己,自己都不能替自己保守的秘密,又怎能要求别人替你保守呢?

如果你想保守秘密,就应该让它留在你的内心深处。只有这样,它才能够成为真正的秘密。从自己嘴里泄露出去的秘密是无论如何也不能成为真正秘密的。即使你嘱托别人"千万不要对别人说",它也会传到别人的耳朵里,而且还会带上你"千万不要对别人说"的嘱托。

每个人都有逆反心理,你越不让他做的事情他越想做。你挖了一个洞,放在那里,也许不会有人去看。但你要是嘱托别人不要去看的话,反而会有很多人想去看。正因为这种心理,秘密是难以保守的。如果它是一个"绝密的事情",它将会以更快的速度传播下去。

4. 许多人一生下来什么都不会,就只会提出要求。向他人提要求就像个无底洞,永远是不满足的。但是当你学会了付出,你的人生就开始活了起来。我们人生里许多问题的产生就在于等待别人先表示。有一对夫妇不和,先生指责太太不温柔,太太指责先生不体贴,开始冷战。你知道他们之间问题的症结何在吗?他们都在等待对方先表示对自己的感情。<u>要想维系良好的关系你就得先付出,并且持续地付出,千万别只等待对方的付出</u>。如果你只想等待,那么这场戏就唱不下去了。

5. 世界著名的走钢索选手卡尔·华伦达曾说:"在钢索上才是我真正的人生,其他都只是等待。"他总是以这种非常有信心的态度来走钢索,每一次都非常成功。

但是1978年,他在波多黎各表演时,从25米高的钢索上掉下来摔死了,令人不可思议。后来他的太太说出了原因。在表演前的3个月,华伦达开始怀疑自己:"这次可能掉下来。"他时常问太太:"万一掉下去怎么办?"他花了很多精力研究怎样避免掉下来,而不是研究走钢索,结果失败了。

做任何事,不要在心里制造失败,我们都要想到成功,要想办法把"一定会失败"的意念排除掉。

<u>一个人想成功,就可能成功;想的都是失败,就会失败</u>。成功产生在那些有成功意识的人身上,失败往往发生在那些不自觉地让自己产生失败意识的人身上。

6. 有个名叫亨利的美国青年,他对自己的身世一无所知,他已经30多岁了,却依然一事无成,整天只会坐在办公室里唉声叹气。

有一天，他的一位好友兴高采烈地找到他："亨利，我看到一份杂志，上面有一篇文章，讲的是拿破仑的一个私生子流落到美国，而他的特征几乎和你一样：个子很矮，讲的是一口带有法国口音的英语……"亨利半信半疑，但是他愿意相信这是事实。在他拿起那份杂志琢磨半天之后，他终于相信自己就是拿破仑的孙子。之后，他对自己的看法竟完全改变了。以前，他自卑自己个子矮小，而现在他欣赏自己的正是这一点：个子矮有什么关系！当年我爷爷就是以这个形象指挥千军万马的。他总认为自己英语讲不好，而今他以讲一口带有法国口音的英语而自豪。每当遇到困难时，他总是这样对自己说："在拿破仑的字典里没有'难'这个字！"就这样，凭着自己是拿破仑孙子的信念，他克服了一个又一个困难，仅仅3年，他便成为一家大公司的总裁。

后来，他派人调查自己的身世，却得到了相反的结论，然而他说："现在，我是不是拿破仑的孙子已经不重要了，重要的是，我懂得了一个成功的秘诀，那就是：**当我相信时，它就会发生！**"

7. 卡耐基在纽约办成人教育班时，发现很多成年人最大的遗憾是没有上过大学，他们似乎认为没有接受大学教育是一个很大的缺陷。但有成千上万很成功的人，连中学都还没有毕业。所以他常常对这些学生讲一个人的故事：

那个人甚至连小学都没有毕业。他家里非常穷苦，当他父亲过世的时候，还得靠他父亲的朋友们募捐，才把他父亲埋葬了。父亲死后，他母亲在一家制伞厂里做事，一天工作10个小时，还要带一些工作回家做到晚上11点。

在这种环境下长大的这个男孩子，曾参加当地学校举办的一次业余戏剧演出活动。演出时他觉得非常过瘾，因而他决定去学演讲。这种能力又引导他进入政界。30岁的时候，他就当选为纽约州的议员，可是他对此一点准备也没有。事实上，他甚至不知道这是怎么回事。他研究那些要他投票表决的既冗长又复杂的法案——可是对他来说，这些法案就好像是用印地安文字所写的一样。

在他当选为森林问题委员会的委员时，他觉得既惊异又担心，因为他从来没有进过森林一步；当他当选州议会金融委员会的委员时，他也很惊异又担心，因为他甚至不曾在银行里开过户头。他当时紧张得几乎想从议会里辞职，只是他羞于向他的母亲承认他的失败。在绝望之中，他下决心每天苦读16个小时，于是不久他变成一个全国的知名人物，而且《纽约时报》也称呼他为"纽约最受欢迎的市民"。

这就是艾尔·史密斯。

当艾尔·史密斯开始他那自我教育和政治课程10年之后，他成为对纽约州政府一切事务最有权威的人。他曾4度当选为纽约州州长，这是一个空前绝后的纪录。1918年，他成为民主党总统候选人，有6所大学——包括哥伦比亚和哈佛——把名誉学位赠给这个甚至连小学都没有毕业的人。

<u>在这个世界上，没有什么是天生注定的，也没有什么是你成功的必须条件——只要你愿意，你渴望，就没有什么是不可能的。</u>

8. 在争吵中，双方都会受到伤害。争吵往往并不会争出什么是非曲直来，其结果只会使双方都比以前更坚信自己是绝对正确。其实，世间很多事物并非仅有一种说法，大多数都是可以"仁者见仁，智者见智"，为什么一定要去争个面红耳赤呢？

即使在争论中你振振有词，似乎有把对方逼得走投无路而终于被你打倒了的架势，但这样你就真正是一个成功者了吗？当然不是。别人的观点被你攻击得千疮百孔，体无完肤，又能说明什么呢？证明了他的观点一无是处？证明你比他优越？你比他知识更广博吗？错了，你的所作所为使人家自惭，你伤了人家的自尊，你让别人当众出丑，人家只会怨恨你的胜利。不要幻想人家会从心底里敬佩你，向你屈服，你只会更加被人瞧不起。在你的洋洋自得中，你的虚荣得以满足，殊不知此时的你在众人眼里只是一只好斗的公鸡而已。

当不断上升的情绪之火，达到足以烧毁你们仅存的一点理智的时候，一股无以抑制的仇恨之火便由心底升起。这就足以解释，为什么口角之争会发展到大动干戈的地步。

9. 苏格拉底觉得自己的学生们过于依赖自己了，以致于他们很少有自己的主见，而只是跟着老师的步伐走。他想教育一下这帮学生。

一天，苏格拉底像往常一样，到街上去散步。他的学生们也像往常一样在广场上等他。他到广场一角坐了下来，学生们都围了上来。他们已经习惯每天听老师讲授幸福之道。

苏格拉底拿出一个苹果，对着这些虔诚地望着他的学生说："这是我刚刚从果园里摘下来的苹果，看起来是熟透了。你们闻一闻它是什么味道？"

他的第一个学生闻了闻，想了想说："是苹果的香味。"第二个学生也闻了闻，抬起头，对苏格拉底说："是苹果的香味。"其他的学生都闻了一下，都表示闻到了苹果的香味。只有柏拉图没有说话。苏格拉底见了，问道："柏拉图，你闻到什么味道？"柏拉图看着老师，说："我什么味道也没闻到。"

苏格拉底微笑着看着柏拉图："看来只有你是你自己。"他把那个苹果给各个学生传看，众人呆住了——那只是一个蜡做的苹果，不可能闻到任何味道。苏格拉底对他们说："学生们，你们犯了一个重大的错误，那就是没有选择地相信真理。你们总是过于信任我，就像认为一件经常发生的事必然发生一样，这无疑是错误的。我说这是从果园里摘的苹果，你们就相信，甚至不假思索。而且有一个人说闻到了苹果的香味，他可能是嗅觉产生了问题，你们这么多的人都错，只能说明你们人云亦云。这是没主见，放弃自我的表现！为什么你们宁肯相信我的话也不相信自己的真实感觉呢？为什么你们在不确定的时候宁肯相信别人也不相信自己的感觉呢？不挑战权威，永远无法进步。一味地相信其他的东西，只会让你失去自我。我希望看到你们做真正的自己，用主观意识来判断事物,而且不要人云亦云。"

10. 我们大都能勇敢地面对人生巨大的灾难,却常常被微不足道的小事击溃。

一位将军发现,他的部下可以忍受零下30摄氏度的酷寒,对诸多危险困难也能平心静气地去面对,但有时为了一点小事却闹得不可开交。他说:"两个人并枕躺在床上天南海北地谈着,突然之间双方默不作声了,原因只为互相怀疑对方侵入自己的睡觉场所。另有一个战士,每当与一个细嚼主义者(每次进食咀嚼20次以上)同席进餐时,食物竟不能下咽。"

婚姻生活不幸的原因,大都缘于微小的事情。一半以上的刑事案件,都是由于微不足道的小事:在酒馆耍威风、家务事的争吵、侮辱性的言词、不礼貌的举动、说别人的坏话而引起报复⋯⋯世上一半的仇恨积怨,其原因亦在于被轻蔑、自尊心虚荣心受损这类的小事。

许多生活琐事的烦恼都与此相似,它之所以使我们忧烦,是因为我们的小题大做——不必要的注意力促使它的膨胀。

11. 人们往往会不自觉地犯同样的错误:在从事一项极为重要的事业时,他们往往先为自己预备好一条退路,以便在事情稍有不顺时,能有一个逃生的途径。但是每个人都应有这样的认识:<u>即便战争进行得非常激烈,只要还有一道退却之门为你而开,你都不会努力战斗</u>。只有在一切后退的希望都已断除的绝境中,人们才肯破釜沉舟、孤注一掷,使出拼命的精神去奋战到底。

断绝自己的一切后路,将自己的全部注意力贯注于事业中,并抱有一种无论任何阻碍都不向后退的决心,这样的精神是最难能可贵的。正是在遇到阻击时,大多数人都缺乏坚韧的耐力而向后退,才使这世界多立了千万个放弃战斗的失败者的墓碑。

12. 在人的一生中，必然会遇到许多不愉快的经历，有时它们是不可躲避的，而且也是无法选择的，一位哲人说："心甘情愿地接受吧！接受事实是克服任何不幸的第一步。"

事情既然是这样，就不会成为别的样子。然而，环境不能决定我们是否快乐，相反，我们对事情的行为反应反过来进一步决定着我们的心情和态度。实际上，我们每个人都比自己想像的更坚强。

我们有太多愿望不能实现，也曾失去太多珍贵的东西，我们的人生旅途并不总是一帆风顺。<u>如果我们不接受现实，不接受命运的安排，同时又不能改变分毫事实，就会感到生活是多么的痛苦。</u>

作为不平凡的和即将不平凡的我们，面对不可避免的事实，应该学会接受，应该学会做到像诗人惠特曼所说的那样："让我们学着像树木一样顺其自然，面对黑夜、风暴、饥饿、意外与挫折。"

一个有着多年养牛经验的人说过，他从来没见过一头母牛因为草原干旱、下冰雹、寒冷、暴风雨及饥饿而会有什么精神崩溃、胃溃疡等问题，也从不会疯狂。

13. 斯迪克快毕业时，叔叔给他讲了一个故事：

有一个孩子小时候很穷。一天，他走进一家银行，希望找一份工作，但被拒绝了。他抽泣着，嚼着从好心的姑妈那里偷来的一分钱买的甘草糖，一声不吭地沿着银行的大理石台阶跳下来，弯腰从地上捡起一样东西。银行家以为他要用石头掷他，于是躲到门后，却看到那个孩子将捡起的东西装进口袋。

"过来，孩子！"银行家叫道："你捡的是什么？""一个别针呗！"孩子回答。"你是个乖孩子吗？上过主日学校吗？"银行家又问。"是的。"孩子回答。于是银行家用金笔写了个"St. Peter"，问小孩是什么意思。"咸彼得。"小孩并没上过主日学校，所以他把"Saint"的缩写"St."误认为是"Salt（咸的意思）"了。

银行家并没有责备这个小孩，相反让他做了自己的合伙人，分给他一半的利润并把女儿嫁给了他。后来,他拥有了银行家的一切。

斯迪克认为这个故事对他很有启发。于是,6个星期里他每天都去一家银行的门口找别针儿,他盼着银行家把他叫进去,问:"你是个乖孩子吗?"然后问"St. John"是什么意思,他就会回答是"咸约翰",接着银行家请他做合伙人并把女儿嫁给他。

终于有一天,一位银行家问斯迪克:"小孩子,你捡什么呀?"

"别针儿呀。"斯迪克谦虚有礼地说。

"让我瞧瞧。"银行家接过别针。

斯迪克非常兴奋,他摘下帽子准备跟着银行家走进银行,变成他的合伙人,然后再娶他女儿为妻。

但是,事情并没像他想像的那样发展,银行家说:"这些别针是银行的。快点离开,要是再让我看见你在这儿瞎转悠,我就放狗咬你!"

斯迪克走开了,那别针也被吝啬的老头没收了。

<u>每个人都有自己的特点,别人能做好的,你未必能行。聪明的人会探究别人做得好的深层原因,而不只是模仿着"去捡别针"。</u>

15. "自作聪明的人总以为自己比别人知道得多,"洛克菲勒集团的副总裁雷特恩·塞克顿说,"这离无知也就是一步之遥了。"自作聪明的人都有一个毛病,就是看不到自己的无知,相反还以为自己无所不知。

有一次,有人到德尔斐神庙去问阿波罗神:"世上究竟还有没有比苏格拉底更智慧的人?"神谕回答说:"没有。"听到这些后,苏格拉底对此感到很奇怪:"我怎么会是最有智慧的人呢?"

为了验证神谕,苏格拉底首先走访了一批著名的智者。结果发现,那些名气最大的,恰恰是最愚蠢的;而那些不大受重视的人反而愚蠢少一些。然后,苏格拉底又走访了几个诗人,发现诗人对他自己所写的东西一窍不通,他们"写诗不是凭借智慧,而是凭借灵感"。最后,苏格拉底又走访了能工巧匠,发现他们只"因为自己手艺好,就自以为在别的重大问题上也有智慧,这个缺点把他们的智慧都淹没了"。

经过一番走访，苏格拉底终于醒悟了："阿波罗神之所以说我是最有智慧的，不过是因为我知道自己无知；别的人也同样是无知，但是他们连这一点都认识不到，总以为自己很有智慧。仅凭这一点，阿波罗神就把我算作是最有智慧的人了！"<u>最有智慧的人其实是有自知之明的人，无知的人会盲目的夸大自己的才能。</u>

16. <u>白手起家的人，常常把自己的才能当做资本和财富而消耗殆尽。</u>艺术家们获取钱财比较容易，反而为追求所谓的灵感，在花天酒地里变得一无所有。

与财富从小为伍的人，至少把财富看做是本钱，他们因此也喜爱规律，谨慎和节俭。没有了财富，他们不知道如何生活。如果要他们过一种自己从来没有想像过的贫困生活，那么光是这样想的恐惧感就足以吓退他们伸向花费本钱的手。面对他们的财富，他们至少储存起1/8的利息来应付未来临时变故的花费，所以他们之中的大多数人可以得以维系他们的地位。

不能区分快乐和享乐，也应该是人生的痛苦。贫困的人本应该清楚财富和快乐并没有什么关系。可财富却屡次成为他们寻欢作乐的许可证。一个出身富裕的妇女，早已习惯支配金钱，所以知道谨慎花钱；一个因为结婚而首次获得支配金钱的女子，会十分喜欢花钱，从而变得奢侈浪费。

17. 一个女孩子莫名其妙地被老板炒了鱿鱼。老板吩咐她下午去财务室结算工资。中午，她坐在公园的长椅上黯然伤神。这时，她看见一个小孩子站在她身边一直不走，便奇怪地问："你站在这里干什么？"

"这条长椅靠背刚刚刷过油漆，我想看看你站起来背上是什么样子。"小家伙说。

女孩子怔了怔，然后，她笑了。

她忽然恍然大悟：如同这双天真烂漫的眼睛想看到她背上的油漆一样，她昔日那些精明世故的同事，也正怀着强烈的兴趣想要窥探她的落魄和失意。她决定不在丢失了工作的同时，也丢失了自己的笑容和尊严。

你可以想像得到，女孩子下午走进公司时，等待着看到她落魄的同事，看到的将是怎样一副自信而灿烂的笑容。

现在你面对的是一个美好的世界，各种挫折和尴尬你还无法体会，但我不得不警告你，生活中的失意处处可见。我们以前遇到过很多很多，你只要行走于社会，今后也一定不可避免会碰到它。

如果有一天，你实在没办法，已经靠上了那油漆未干的椅背，那也别沮丧。在悄悄站起来的时候，别让人看到你背后的油漆。

人在生活的道路上，<u>谨记在失意时用哀伤的容颜表达自己的心情，这对改善厄运不会有任何好处</u>，反而许多人会如同看到你背上的油漆一样幸灾乐祸。

18. 一个投资专家说，他的成功秘诀就是：没钱时，再困难也不要动用投资和积蓄，压力会使你找到赚钱的新方法，帮你还清账单。

无论生活怎么艰难，自己用以投资的钱也不要花光，因为它是改变我们命运的希望。

如果你正着手创业，请务必保有一定量的流动资金。创业专家告诉我们：<u>永远不要用尽企业的资金，这是企业成功的一大秘诀，也是企业经营者所必须掌握的基本原则</u>。一个企业之所以能维持下去，第一点便是要有足够的现金流。如果将一个企业看作一条生命，那这现金流便是生命的血液。

19. 不到万不得已，千万不要借朋友、亲友的钱，哪怕是借一元钱。因为朋友、亲人之间一旦发生了借贷关系，你们之间平等的关系就被破坏了，出借方往往就会居于上风，而借方则明显处于下风，这样借方一定会处于屈就的位置。

没有了朋友间的平等关系，从此以后在工作和交往中可能就会受到很大的影响。

有句谚语说，<u>人生有3件事可以使亲密关系中断：背后说人坏话、娶了朋友的妻子、借钱不还</u>。两个关系不错的朋友或同事，一旦与金钱有了关系，他们的关系就可能会受到损害，伤害了双方的感情。所以，尽量不要举债经营。

20. 吉布林娶了一个维尔蒙的女子，在布拉陀布造了一所漂亮的房子，准备在那儿安度余生。他的舅舅比提·巴里斯特成了他最好的朋友，他们俩一起工作，一起游戏。

后来，吉布林从巴里斯特那里买了一块地，事先商量好巴里斯特可以每季度在那块地上割草。一天，巴里斯特发现吉布林在那片草地上开出一个花园，这样他就无法得到预想的一车干草了。他生起气来，暴跳如雷，吉布林反唇相讥，弄得大家不欢而散。

几天后，吉布林骑自行车出去玩时，被巴里斯特的马车撞倒在地上。这位曾经写过"众人皆醉，你应独醒"的名人也昏了头，告了官。巴里斯特被抓了起来。接下去是一场热闹的官司，结果使吉布林携妻永远离开了美丽的家。而这一切，只不过为了一件很小的事——一车干草。

我们的失败，往往是因为我们不能控制自己的情绪所造成的，如果我们能够掌握自己的情绪，那么我们就更容易掌握命运。<u>每一个成功的人都是能够控制自己情绪的高手，他们不会被自己的情绪所左右，所以，成功也更容易被他们得到</u>。

21. 有人曾说，世界上只有两种人，用一个简单的实验就可以把他们区分开来。假设给他们同样的一碗小麦，一种人会首先留下一部分用于播种然后再考虑其他问题；而另一种人则不管三七二十一，把小麦全部磨成面粉，做成馒头吃掉。

我们每个人都想做一个成功的人、优秀的人，只不过在馒头的引诱下，我们失去了忍耐的性子。成功是要讲究储备的，仓库里的东西越充足，成功的机会就越大，也才可能走得更远。

成功的路是那样的遥远与艰辛，也曾有无数的年轻人在起点上充满信心、跃跃欲试，对这路的尽头有无限的憧憬。口袋里的馒头固然可以令他们在启程以后跑得飞快，不过吃了眼前的，恐怕就没法指望下一顿了。馒头的卡路里终究有一天会消耗殆尽，没有播种我们就没有支持，没有粮食的保证，我们将过早地凋谢。

22. 有一个走私犯，由于警方追捕太紧，他灵机一动，带着所有的走私货物，躲进一家破旧的教堂。他请求牧师答应他将走私货物藏在教堂的阁楼里。那位虔诚的牧师当即拒绝了他的要求，并要此人马上离开，否则他就要报警。

"我给你一笔钱，以报答你的善行。你看20万怎么样？"走私犯苦苦哀求。牧师坚定地说："不！""那么50万呢？"走私犯忍痛加码。牧师依旧拒绝。"100万好吗？"走私犯仍不死心地问。牧师突然大发雷霆，用力把那人推到门外去："你快给我滚出去，你开的价钱，已经接近我动心的数目了！"

牧师毕竟不是圣人，他的心里也有"贪"的念头，只不过他给自己的道德定的价码比常人要高而已。这位牧师是可敬的，当他眼见走私犯开出的价码逼近了他自定的道德价码线时，他果断地掐灭了贪欲，在巨大的诱惑面前说出了"不"字。他最终坚守住了自己做人的底线。人非圣贤，很难让自己一辈子清心寡欲、不产生一丝邪念。然而，人的高尚和可贵就在于他能坚守自己做人的底线。没有一丝邪念的，那可能只有神仙。

23. 有个人非常穷，为了讨口饭吃，他想用养鸡下蛋卖钱的方法来维持自己的生活，但他连买鸡的钱都没有。怎么办呢？他想出一个很好的主意：他和别人商量好条件，借别人的鸡来养，即人家的鸡都由他来养，下两个蛋的话，给出鸡的人一个，自己留下一个。结果他一年就从10几只鸡，发展到100多只鸡，又过了一年后，发展到300多只，成了一个富户。这就是借鸡生蛋的故事，时光流转到现在，这种方法延续下来，已经成了经济竞争中必不可少的手段。

如果你还停留在用自己的钱赚钱的想法上，那么你的思想还在封建时代停留着呢！与这个时代这个世界简直是格格不入。时至今日，许多人仍认为负债是件不光彩的事情，<u>很多企业家张口闭口就是"既无外债，亦无内债"，这仍是传统的小农经济思想</u>。在当代社会，用钱找钱，以人吸人，天下的人、财、物皆能为我用者，方为大智大勇者。

24. 生活中充满了数不清的随意性，更要命的是，没有人会替你去管理你的生命。在学校时有老师管着，让你按时交作业；上班有领导管着，会检查你的考勤与工作进展。自己的日常生活与生命的重大安排呢？从决策到执行到监督落实，全靠你自己。

给自己定出计划以及纪律，严格要求自己，看似委屈了自己，强迫自己放弃很多生活的乐趣，不能够随意、潇洒地生活。其实大家都明白：眼前的这种严格自律，正是你养成良好习惯，克服种种惰性，从而享受高质量生活的前提。

<u>不要随意放纵自己，不要轻易向各种诱惑低头，坚持自己的方向与计划，管理好自己的人生</u>。否则，你很可能随波逐流，贪图眼前的一点点安逸享受，而损失掉生命中真正的财富。

25. 只做一样事情，坚持不懈地做下去直到最后成功，或者直到经验向你表明你应该放弃为止。

不断地敲击同一枚钉子，一定会把它深深地敲进去，这样它肯定不会脱落下来。如果一个人把自己的注意力集中到某一个目标上，他心里想的总是怎样使它更有价值，而如果他脑子里同时想着20件事情，那么只有专心致志才会想到的办法一定不会出现在他的脑海里。

许多时候大量的财富从一个人的手指间滑走，就是因为他同时考虑的事情太多了。

古老的警示直到今天对我们还很有价值，那就是：不要一心多用，见异思迁。

26. 美国哲学家阿朗说："如何克服寒冷呢？最好的方法就是接受寒冷……我所满足的并非由于暖和，而是由于满足而带来暖和。"人们虽然不愿意接受寒冷，但不可能拒绝，因而不免产生厌恶的心理。倘能摒弃这种厌恶寒冷的心理，接纳寒冷，就可以避免因厌恶寒冷而带来的不幸的感觉了。因此，满足并不是消极的妥协，而是积极的克服。

27. 每个女人在嫁给她所爱的男人前，都要认清这样的事实：<u>男人是很难改变的</u>。所以，不要有类似"我婚后会让他为我改变"这样的想法。男人婚前什么样，婚后也会同样如此。

所以，在嫁给这个男人前，你首先得问自己："我打算忍受他的这些生活方式吗？"如果不能忍受，你最好不要嫁给他。认为自己能改变男人的这种想法是愚蠢的，因为这会严重影响你们的婚姻生活。

28. 有些女孩子认为，跟年长的男人谈恋爱，能给她们安全感。

事实上，女孩子跟年长的男人在一起谈恋爱，反而最容易失身。他如果不想得到她则罢，如果想得到她，他会用种种奇计妙策，布置气氛，制造情调，安排情况，然后花言巧语，年轻女孩子知道个啥，未有不扑通一声跳到井里者。

在此观点上，年长的男人绝不安全。不过，话又说了回来，普天之下，除了父亲对女儿、儿子对母亲那种亲情是安全的外，男人根本就不是安全的东西。

29. 有人说："房子加上爱，才是一个真正的家。"而在今天这样一个充满现实主义色彩的年代，爱是一种奢侈，于是理智的单身女性急流勇退，用曾经对爱的执著演绎了自己的供楼计划。有了房的女人会有别人所没有的气定神闲，安静平和，"房子是最好的情人"，单身女性如是说。

所以，如果你正在单身，如果你准备单身，那么首先要拥有自己的房子，想象一下，一个背着行囊，忙碌不堪到处寻屋借住的女人却高喊着自己是单身贵族，是多么的可笑而又底气不足啊！

30. 男人对女人理财的态度历来都是很矛盾的，如果你没有钱，他会担心你可能会看重他的钱；如果你有钱，他又会产生某种自卑心理。因此，男人往往是反对女人理财的。然而，从人的性格来看，女人总是比男人更善于投资。

你必须时刻记住：任何时候，都要掌握一定的财富。爱情很美，可是不能代替物质生活。正所谓"贫贱夫妻百事哀"，柴米油盐的种种计较足以消磨一个人的所有激情，爱情是需要经济基础作为支撑的。女人可以靠青春吃饭，可是时间太短，任何女人的青春都会消逝，你要学会用自己的智慧来获取财富。青春易逝，财富能够给你很多保障。

31. 有一位婚姻专家说，每当有听众打电话告诉我说他们要结婚了，我的第一个问题就是："你多大了？"我的第二个问题就是："他/她多大了?"如果两个人的年纪相差太悬殊了，或两个人的年龄之和不到"50"，我就总是发出反对的声音。

　　常常有听众说，在经过多年痛苦失望、受尽折磨的可怕婚姻生活之后，他们发现自己当初结婚时太年轻了，他们真希望自己在多年前就能给我打电话谈谈这方面的问题。每当这时，我总是问他们："是的，可是如果那时候我跟你说你太年轻了，不应该结婚，你会听我的话吗？""不会。"他们一般都会这样老实回答。

32. 在《格调》一书中有这样一段话："等级是什么？它不是你的职业，不是你居住的地方不是你的餐桌举止，不是你有多少名或者你能挣多少钱。等级是一系列细微事物的组合，你很难说清楚。正是这些细微的品质确立了你在这个世界上的位置。"不错，正是日常生活中的细微琐事决定了人们的生活格调，这其中当然包括逛街购物了，在这方面花钱准则是宁精勿滥。

　　有位女士以前就总爱逛小摊买便宜货，总觉得一定的钱可以多买几件，换着花样穿，但是又常常临出门时看着满柜子的衣服觉得没有合适的。后来她决定要在自己的能力范围内买最好的，现在她的衣服虽然不太多，但几乎件件都是精品，虽然一个季节她总穿着那几件衣服，但每天都充满了自信，每天心情都很好。

33. 弘一大师有一次和他的弟子——后来成为画家与文学家的丰子恺，及一群朋友吃饭。席中，有一个人是学佛的，自认深通禅理佛典，于是很想考验一下弘一大师，就问他："请问大师，您出家当了和尚后觉得幸福吗？"

　　大家都盼望着这个闻名天下的高僧能说出什么惊人的禅机。

　　谁知道弘一只一边吃着素菜，一边平淡麻木地说："啊……是，幸福。"说完继续吃菜。大家听后觉得很失望，觉得这个所谓高僧的回答也不过如此。出门之后,在回去的路上,丰子恺也对老师说:"老师,您今天的回答似乎太平常了吧?"

弘一笑道:"有一群浑水的鱼,一天游到了清水里,发现了这里也有一条鱼。群鱼感叹道,这边的水和空气真好啊!而清水里的鱼很奇怪,说:'是吗?我怎么没有感觉到啊!'"

丰子恺听后大笑,方知道老师的高境界。

本 章 精 义

1. 忧虑是假设的债务，但我们却提前支付了利息
2. 好事不应一次做尽
3. 这个世界上，没有什么是天生注定的
4. 不挑战权威，就永远无法进步
5. 别让人看到你失意时的样子
6. 有3件事可以使亲密关系中断：背后说人坏话、娶了朋友的妻子、借钱不还
7. 从自己嘴里泄露出去的秘密，是无论如何也不能成为真正的秘密
8. 无知的人会盲目地夸大自己的才能
9. 即便战争进行得非常激烈，只要还有一道退却之门为你而开，你都不会努力战斗

卷十一 精于处世之道

changes your life the secret

1. 美国有一位评论家，曾在杂志上提到过这样一段话：在百货公司买衬衫或领带时，女店员总是会说："我替你量一下尺寸吧！"每当这时，这位评论家都会在心中暗暗道："嗯！这种方法真不错，我上当了。"这是因为对方要替你量尺寸时，她的身体势必会接近过来，有时还接近到只有情侣之间才可能的极近距离，使得被接近者心中，涌起一种兴奋感。

每个人对自己身体四周的地方，都会有一种势力范围的感觉。而这种靠近身体的势力范围内，通常只能允许亲近之人接近。这位评论家允许别人进入他的身体四周，这就会有一种承认和对方有亲近关系的错觉，这一原理对任何人来说都是相同的。

本来一对陌生的男女，只要能把手放在对方的肩膀上，心理的距离就会一下子缩短，有时瞬间就成为情侣的关系。推销员就常用这种方法，他们经常一边谈话，一边很自然地移动位置，挨到顾客身边。

因此，只要你想及早造成亲密关系，就应制造出自然接近对方身体的机会。

2. 14世纪，只有教堂里才有风琴，而且必须派一个人躲在幕后"鼓风"，这样风琴才能发出声音。

有一天，一位音乐家在教堂举行演奏会，一曲既终，观众报以热烈的掌声。音乐家走到后台休息，负责鼓风的人兴高采烈地对音乐家说："你看，我们的表现不错嘛！"音乐家不屑地说："你说我们？难道是指你和我？你算老几？"说完他又重新回到台前，准备演奏下一首曲子。但是他按下琴键，却没有任何声音奏出。音乐家焦急地跑回后台，对鼓风的人低声下气地说："是的，我们真的表现不错。"

一位音乐家没有他人的配合，他便无法完成演出工作。同样，<u>一个</u>

<u>天才没有别人的协助，那他只能做个平凡的人了。</u>

3. 英国政治家劳合·乔治认为，他自己之所以能成功，主要是因为他很小就懂得，当他走过一扇门时，就把它关起来。也就是说，我们要把昨天封闭起来，因为我们没法走回头路。因此，我们为什么要活在过去的日子里呢？把过去的事再重演一遍？使我们心头的负担再加一倍？再多流一点无用的眼泪？

因此，我们一定要学会扔东西。<u>要把紧贴在手上的毒虫扔去，在没有咬到自己以前，你就把它扔进火里了。</u>有许多念头和情感是有毒的，像牛蒡草一样粘在你身上，像蜜蜂一样刺你。一个智者说："浮荡的生活如同在地狱里，而有定向的生活则如同在天国里。"

多少钟点、多少日子滑过去了，可是我们不知道做了些什么！我们总是慢腾腾的，在呆滞、不可捉摸之中团团转，从而使我们因困乏而倒下来。假使我们再不好好下决心切除心头的死结，把事情做得更加完美，那么我们就像上吊自杀者一样：吃惊而又慌乱。

4. 国家需要力量，人也需要力量。这是一个优胜劣汰的社会，这是一个弱肉强食的社会。

我们经常听到身边的人说："我为什么总找不到漂亮的女人呢？"因为你没有力量，你没有强大到足够吸引她们。还有的女孩为失恋而痛苦，为被男人抛弃而伤心。你不要埋怨别人，要埋怨就埋怨自己，你为什么不够强大呢？如果你能强大过他，那就只有你抛弃他，而没有他抛弃你的份儿。

<u>强大、有力量是一切获胜者的法则，弱者总是悲惨的，总是要被别人摆布的</u>。我们讨厌我们的上司，我们瞧不起他们，但是讨厌他们还得巴结他们，因为他们有权力，他们比我们在这点上强大。达尔文指出，动物世界，弱肉强食。实际上人的世界也到处是竞争，总是优胜劣汰，

这是一个属于强者的世界。

5. 一位美国空军飞行员讲述他的亲身经历：

"二次大战期间，我独自驾驶一架战斗机。头一次任务是轰炸东京湾。从航空母舰上起飞后，一直保持高空飞行，然后再以俯冲的姿势滑落至目的地300英尺上空执行任务。"

"然而，正当我以雷霆万钧的姿势俯冲时，飞机左翼被敌军击中，顿时翻转过来，并急速下坠。"

"我发现海洋竟然在我的头顶。你知道是什么东西救我一命的吗？"

"在我接受训练的期间，教官一再叮咛，在紧急状况下要沉着应付，切勿轻举妄动。飞机下坠时，我就只记得这么一句话。因此，我什么机器都没有乱动，我只是静静地想，静静地等候把飞机拉起来的最佳时机和位置。最后，我果然幸运地脱险了。假如我当时顺着本能的求生反应，未待最佳时机就胡乱操作了，必定会使飞机更快下坠而葬身大海。"

"一直到现在，我还记得教官那句话：'<u>不要轻举妄动而自乱脚步，要冷静地判断，抓住最佳的反应时机</u>。'那是对我一生的最好教益"。

6. 成功的确困难，但不成功你会遇到更多的困难。没有成功你就不会有好的回报，生存的压力就会围绕着你，你每天就会为无数的繁琐小事烦恼，会为饭碗烦恼，会为每天的菜价烦恼，会为寻找伴侣烦恼，会为孩子的前途烦恼。如果你每天深陷其中，你就会被这些烦恼所困扰、所支配。但你从中走出来，眼界更高一点，你就会发现，只要你成功了，这些烦恼也就迎刃而解了。家务事可以找保姆，菜价涨跌也就那么几毛钱，不屑一顾。不是说比尔·盖茨见到地上有100英镑也不会弯腰捡吗？因为他捡这100英镑所消耗的短短几秒钟时间，对他而言可以赚上千英镑。

<u>成功很难，但不成功更难</u>。成功的难是干大事的困难；而不成功的

难，则是应付琐碎生活小事的困难，那么，你更愿意面对哪一种困难呢？

7. 关于钱，你需要向孩子解释的第一个问题是其来源。事实上，许多孩子认为是从挂在墙上的装置中出来的。你我都知道，那是自动取款机。

也许可以用这句话作为开头："钱不是长在树上的。"我们都听说过这句话，你也可以这样告诉你的孩子，但你知道钱究竟是从何而来的吗？

拿出一张1元的钞票和一些零钱，然后向孩子解释政府是如何制造货币的。然后解释它的含义：你如何通过工作或投资挣钱，你如何用它来支付所居住的房屋、所穿的衣服，以及所吃掉食物的费用。

你的孩子年龄越大，你的解释也应该更为详细。如果你的孩子年龄超过了10岁，不要回避，告诉他们你的工资如何被花掉的痛苦细节——有多少用于付税和社会保障，多少用于还抵押贷款，多少用于保险，多少用于公用事业，多少用于付车款，多少用于付电话账单，以及其他所有的生活必需支出。大多数孩子不了解家里的财务情况。事实上，许多家长都发现，跟孩子讨论性要比讨论钱容易。

但有一点，<u>在钱方面，对孩子要诚实，而且要积极乐观</u>。

如果家中存在财务问题，别试图隐瞒。孩子可能仍然会知道你的烦恼。但不论你怎么做，一定要积极乐观。要向孩子解释，用钱方法得当时钱将是一个好东西，它能让人过上更好的生活，但钱不能作为衡量人的价值标准。

8. 我有一个很好的朋友，他每月的收入是5000元。他的妻子酷爱"社交"，总是打肿脸充胖子，结果弄得他经常欠着20000元的债务。更不幸的是，他的每个孩子，都从妈妈那里学来了大手大脚的花钱习惯。现在，他的两个女儿和一个儿子都已经到了考虑上大学的年龄，但是他们不可能上大学，因为爸爸还欠着人家的债呢。最终父亲和孩子们吵翻了，整个家庭非常不和睦、非常痛苦。

因债务而处处受别人的管制，一生如囚徒一样生活，这样的处境太可怕了，简直难以想象。债务的积累是一种习惯。它开始只是一点点，后来却慢慢地越积越多，逐步变成一大块，最后极度膨胀，控制了人的整个灵魂。

数以千计的年轻人一结婚就背上了不必要的债务，从一开始就债台高筑，结果再也放不下来了。当婚姻的新鲜感逐渐消失后，这些夫妻就开始感受到了生活拮据的尴尬。这感觉会与日俱增，往往导致夫妻双方相互埋怨，最终走向离婚之路。

受债务奴役的人没有时间、也没有动力去制定或追求理想。结果，他们在岁月中慢慢颓废下去，最终认定自己有个无法突破的极限。就这样，他们把自己困在了畏惧和怀疑的牢笼中，再也无法逃脱。

只要能避免负债的痛苦，付出任何代价都是值得的！

9. 有一次，柏拉图问老师苏格拉底，何为爱情。苏格拉底要他到麦田里走一次，但是只能从一头走到另一头，不可回头，要在走出之前摘下这片麦田里最大的麦穗，但也只能摘一次。

柏拉图充满信心地走进了麦田，可是过了很长时间也没有回来。最后，他垂头丧气地回到老师面前，手中空空如也，他解释说："我尽力看清楚每一株麦穗，无奈麦穗太多了。我只能看到一小段距离中最大的那株。可是我担心那并不是最大的，想到前面看看有没有更大更大的。可是直到将要出来时，发现最后这部分里没有我想要的那一个——我已经错过了。最后我只能空着手走出来……"

苏格拉底微笑着说："你已经明白什么是爱情了。"

这的确可以引发我们的思考：幻想完美，追求完美，往往会犯错误，或看不到真正完美的爱情而盲目开始；亦或已经在等待中错过；又或许看清了事实上不存在完美，只有无限接近完美，最终郁闷一生。任何时候，幻想与现实总是有差距的，爱情同样如此。追求完美的结果往往是失望，只有抓住已经很接近完美，很值得去珍惜的爱情，才能得到幸福。

10. 当你从事该种职业时，你就获得了一个深入了解那个职业的详情以及接触其中人物的机会；得到了一个可以用你的耳目尽量吸取关于那个职业的知识，且与你的前途很有关系的机会。

不要害怕你的老板会对你的努力与功绩视而不见，而不考虑对你的提拔。假使他是一位努力寻找高效率的老板，在机会来临时，他一定会主动提拔你的。

世界上最卑微的人，就是那些只是为了薪水而工作的人。薪水可以使你获得面包与牛奶，这是必要的。但除此以外，你应该还有其他需求，一种满足无限高尚欲望的要求。

11. 拥有99枚金币的人，会不满足为何不是100枚，而身无分文的人有了一枚就会很幸福。同样一种生活，有人感到幸福，有的人却不能，这的确发人深思。

一次，苏格拉底邀请了一些人来家里吃饭，他的妻子因饭菜简陋而感到羞愧。苏格拉底却说："不用担心，如果他们是具有智慧的，那么他们都会明白也都能忍受；如果他们是没有智慧的，那我们又何需自寻烦恼？"苏格拉底认为，肚子饱的时候，吃山珍海味也不觉得鲜美；而当饥饿的时候，任何食物都是再好不过的。所以，苏格拉底总是不饿时不吃、不渴时不喝。因为这样，任何一种饮料都合他的胃口，任何一种食物他都吃得很愉快，因为食欲就是最好的调味品。

苏格拉底选择了在我们看来最差的生活：冬天还穿着短衫，从不穿鞋，食物是最差的，房屋是简陋的。但是在他看来，这已经足够了，他在锻炼自己做到需求最少，而在最少的需求中得到最大的满足——这使他时刻都活在幸福之中。这就是苏格拉底告诉我们的：只有需求最少，才更容易得到幸福。

12. 自制不仅是在身体享乐方面，还在道德方面适用。试想一下，一个人如果不能自制，反而被欲望支配，那么他和牲畜有什么分别呢？被欲望支配的人，往往不择手段地追求享乐。那么，一个不择手段、做出种种恶行、追求一时私欲的牲畜，还有什么道德可言呢？

当我们面临战争，需要挑选一个英雄，借助他的力量使国家得到保全并最终胜利，我们会选择什么样的人呢？当我们不得不把财产交给别人代为保管，或不得不把儿女托付给别人看管，我们会选择什么样的人呢？当我们挑选一个知心的朋友，我们会挑选什么样的人呢？相信我们不可能会挑选一个连抵抗酒肉、色欲、贪欲和懒惰都做不到的人。只有自制的人才能得到我们的信任。

欲望是永无止境的，若想脱离堕落的苦海，惟一的方法就是：<u>做一个自制的人</u>。

13. 任何有所为的人，都不会在所有领域里都有作为的。就算在某一领域里，也不是每一方面都有所建树。全知全能无非是天真的幻想。<u>聪明的人绝不会四处出击，样样都深入，门门争第一</u>。你的每一种欲望都会跟你的另一些欲望发生冲突。如果你疲于应付，就会被折磨得不胜烦恼。长期东一榔头，西一棒子，你的精力就会被耗空，最终将一事无成。

14. 当我们百病缠身的时候，当医生说："你如果再不改变生活方式，你就死定了！"突然间，我们就有了改变的动机。

在男女关系方面，我们通常什么时候才对伴侣表示关心？当婚姻亮起红灯的时候，当家庭面临破裂的时候！

在事业方面，我们什么时候才肯去尝试新观念、做出有创意的决定？当我们没有钱付账的时候！

我们什么时候才体会到为顾客服务的重要性？当所有顾客都走光的时候！

只有在到处碰壁的时候，我们才能学会人生最重要的课程。

想想看，你一生中最大的决定是怎么做出的？多半是跌得鼻青脸肿，被人打得头破血流的时候。那时，你会告诉自己："我恨透了过苦日子，恨透了被人当球一样踢来踢去，恨透了做一个平庸的人，我一定要出人头地！"

成功的时候，我们会大肆庆祝，却没能从中得到任何体会。失败也许会让人遍体鳞伤，但是也只有这种情况，我们才会从中吸取教训。

15. 人们所谓的"游戏规则"不是绝对的，而是模糊的，是具有弹性的。由此我们明白，为自己获取最大的利益，为了更好地成就自己的事业，我们可以灵活地运用游戏规则。在强手如林的社会中，灵活运用游戏规则是我们立足于世、脱颖而出最重要的杀手锏。

无数成功人士的经验告诉我们：只要你愿意，你可以灵活地运用各种游戏规则，但有一条，<u>你可以变通游戏规则，但不能打破游戏规则</u>。游戏规则的底限，便是法律，法律是最权威、最有约束力的游戏规则。再伟大的事业，也要在法律的基础上去实现。商场如战场，但商场并不是战场，不管你怎么样变通规则，甚至有违规之举，但你不能触犯法律，也就是不能超越游戏规则的底限。

16. 想要一个孩子的最糟糕的原因之一，就是认为这样会巩固已经动摇的婚姻。如果双方的婚姻不稳定，他们应该首先解决造成这种情况的原因，而不是试图用孩子来掩盖一切。否则，他们不仅不会幸福，只会更痛苦，旧的问题依然存在，同时加上一个孩子要依靠他们抚养，这又会产生新的问题，最终可能导致离婚。于是，又有一个孩子要去面对离异的家庭。

当孩子出生时，那些最完美的婚姻往往也会遇上困难，所以<u>不要幼稚地认为，脆弱的婚姻在有了孩子以后就会有所改善</u>。只有在夫妻俩想要孩子时，才可以去努力。

同时，如果你的另一半已经不爱你了，不要幼稚地认为一个孩子就会让他或她再爱你。已经有无数破碎心灵和痛苦的生命证实，这种方法是行不通的。世界上有千百万个孩子正处于悲伤之中，而他们的父母正是犯了这种错误。

孩子可以给我们带来生命中最幸福的时光，但任何人都不要仅仅为了挽救婚姻而去生孩子。

17. 1846年10月，美国的多纳尔家族一行87人，在前往加州的路上被大雪阻隔，受困在关口。40天后，有一半的人陆续死于饥饿和疾病。

最后，终于有两个人决定出去求援。他们在徒步可以到达的范围之内，很快就到达了一个村庄，并带回一个救援队，使其他幸存者得以获救。

你是否觉得好奇，在面临饥饿和死亡威胁的状态下，他们为什么等待了40天，才决定放弃那个地方？为什么没有人愿意冒险出去求援？原因很简单——他们不愿意放弃身边的财产！

他们曾试图把马车和财物拖出，结果搞得筋疲力尽却徒劳无功，只好作罢。就这样任由大雪围困在关口，直到耗尽所有的食物和供给。

想想看，我们是否也经常陷入这种"关口"呢？由于害怕失去既有的社会地位、丰厚的收入、漂亮的办公室以及握在手中的权力，多少人放弃了新工作的挑战，宁可守着一份并不喜欢的工作，虚度数十年的光阴。

你的生命越是往前走，你聚积的包袱和负担就越多——财产、名位、习惯、人际关系、应该做的、必须做的……不断地增加，于是更加依恋这熟悉的一切，舍不得放下。<u>由于害怕失去拥有的一切，多少人不愿意冒险、恐惧突破，不敢离开那种一成不变的生活，以致平凡无趣地走完一生。</u>

这也就是为什么有那么多人，宁可留在熟悉的地狱也不愿走进陌生的天堂，为何有那么多人，把自己困在无形的牢笼内而无法走出生命中的"多纳尔关口"的原因。

18. 惊慌的人往往底气不足，他的知识、阅历、生活经验以及处世方法，都存在着某些薄弱环节，甚至是致命的缺陷。惊慌对一个人的心态、情感以及理智的冲击力，都是十分巨大的，其破坏性是不言自明的。比如，它让人的心态倾斜，无法再以正常的态度和眼光去看待人世；让人的情感动荡，冲动之下有可能做出不计后果的举动；让人的大脑一片空白，茫然发呆，像一个傻瓜那样笨手笨脚。而这些，都足以让一个人在十分正常的情况下迷失方向。

我们大概都曾读到过一些关于遇险者的故事，那些最终能够自救，顽强走出绝境的人，比那些可怜的遇难者，除了幸运，更主要的是因为他们很快使自己镇静下来，放平心态，理清思绪，辨清方向，从而找到了生命通道；而遇难者则大部分死于自己的慌乱，因为在慌乱中，往往会使人失去方向和最后的希望，最终陷入彻底与人间隔绝的境地。

19. 卡萨尔斯已经90多岁了，他是那么的衰老，加上严重的关节炎，不得不让人协助穿衣服。走起路来颤颤巍巍，头不时地往前颠；双手有些肿胀，10根手指像鹰爪般的勾曲着。从外表看来，他实在是老态龙钟。

就在吃早餐前，他贴近钢琴——那是他擅长的几种乐器之一，很吃力地，他才坐上钢琴凳，颤抖地把那双勾曲肿胀的手指抬到琴键上。

刹时，神奇的事发生了，卡萨尔斯突然完全变成了另一个人似的，透出飞扬的神采，而身体也跟着开始灵活起来，仿佛是一位健康的、有力的、敏捷的钢琴家。

他的手指缓缓地移向琴键，好像迎向阳光的树枝嫩芽，他的背脊直挺挺地，呼吸也似乎顺畅起来。是弹奏钢琴的念头，完完全全地改变了他的心理和生理状态。

当他弹奏钢琴曲时，是那么的纯熟灵巧、<u>丝丝入扣</u>。随着他奏起勃拉姆斯的协奏曲时，手指在琴键上像游鱼般的轻快地滑逝。

他整个身子像被音乐溶解，不再僵直和佝偻，代之以柔软和优雅，不再为关节炎所苦。在他演奏完毕，离座而起时，跟他当初就座弹奏时全然不同。他站得更挺，看来更高，走起路来也不再拖着地。他飞快地走向餐桌，大口地吃着，然后走出家门，漫步在海滩的清风中。

卡萨尔斯热爱音乐和艺术，那不仅曾使他的人生美丽、高贵，而且现在仍每日带给他神奇。就因为他相信音乐的神奇力量，使他的改变让人匪夷所思；就是信念，让他每日从一位疲惫的老人化为活泼的精灵。说得更玄些，是信念，让他活下去。

20. 作为电影制片人，罗布可谓是一帆风顺。如果罗布只满足于他做制片人，也许他真会一帆风顺。然而，他认为，做制片人还不能充分发挥他的才能和创造性。在好莱坞，真正的荣耀属于导演。

于是他执导了一部片子，评论界众说纷纭，票房很低。导演罗布可不像制片人罗布那样受人欢迎了，失败接二连三地向他袭来。

他从加利福尼亚逃到纽约过起了隐姓埋名的生活。他疯狂地寻找新的根基。在纽约，他用他的所有钱财买下了一个套房，"我完全垮了。"他说。

他坐在纽约的套房里，陷入了冥想。面对生活与事业的残骸，他决定偃旗息鼓，他获得了安宁，然而，他却失去了自己的事业。

失败的罗布完全失控了。他对这种局面完全无法控制，也许他可以改变，也许改变了会更幸福。

一段时间后，他回到了洛杉矶，回到了他失败的地方。他怀揣着从未有过的谦卑感回去了。一切都得重新开始，一种完全不同的自我意识支持着他。

他放下面子，从低级的活开始干。"我得倒退3步，才能前进4步，倒退虽然痛苦，却必不可少。"他说。

罗布最终还是重登好莱坞的顶峰。这一次，他既非制片人，亦非导演，而是电影公司的董事。

罗布知道自己是幸运者。在他看来，成功并不在于他当上电影公司的总裁，而在于审视自己的生活这一过程。他将这一精神旅程视为最大的成就。看看罗布的精神之旅，你会明白"我完全垮了"，对任何人来说，都是错误的。

一帆风顺的时候，你往往会认为，自己永生永世都将成功下去，因为你比任何人都聪明能干，比任何人都有才华，你更有资格获得奖赏。当然，这种奇思异想无非是出自真正的恐惧，但你极易忘记这点。<u>成功的时候，你会丧失辨别能力</u>。

21. 罗宾逊教授曾经说过："人有时会很自然地改变自己的想法，但是如果有人说他错了，他就会恼火，更加固执己见。人有时候也会毫无根据地形成自己的想法，但是如果有人不同意他的想法，那反而会使他全心全意地去维护自己的想法。不是那些想法本身多么珍贵，而是他的自尊心受到了威胁……"

有一次，我请一位室内设计师为我布置一些窗帘。等到账单送来后，我大吃一惊：费用远远超过了我所预计的。过了几天，一位朋友来看我，问起窗帘的价格，我告诉他以后，他说："什么，这太过分了！他占了你的便宜了！你怎么会上当呢？"

我吃了亏吗？是的，他说的是实话。可是，没有人肯听别人否定自己的判断力的实话。作为一个凡人，我开始为自己辩护了。我说："好货总有好货的价钱，你不可能以便宜的价钱买到高质量的东西。"

第二天，另一位朋友也来拜访，他赞扬那些窗帘，表现得很有兴趣。他说要是负担得起的话，也希望在自己的家里布置上这样的窗帘。我反应完全不一样了，我说："说实话，价钱太高了，我也负担不起，我后悔订了这些窗帘。"我甚至为自己的坦白和直率而自豪起来。

<u>谁都不喜欢改变自己的决定，也不可能在强迫和威胁下同意别人的</u>

观点，但人们肯定愿意接受态度和蔼而又友善的开导。

22. 举棋不定和优柔寡断是一种不良的心态，也是一种致命的弱点。有此种弱点的人，从来不会是有毅力的人。这种性格上的弱点，可以破坏一个人的自信心，也可以破坏他的判断力，并大大不利于他的事业成功。

当然，对于比较复杂的事情，在决断之前需要从各方面来加以权衡和考虑，要充分运用发挥自己的常识和知识，进行最后的判断。一旦拿定主意，就决不要再更改，不再留给自己回头考虑、准备后退的余地。一旦做出决定，就要断绝自己的后路。只有这样做，才能培养坚决果断的心态。这一心态既可以增强人的自信，同时也能博得他人的信赖。有了这种心态后，最初的时候，也许会时常做出错误的决策，但由此获得的自信等种种卓越品质，足以弥补错误决策所带来的损失。

所以对于成大事者来说，犹豫不决、优柔寡断是一个阴险的仇敌，在它还没有伤害你、破坏你、限制你的机会之前，你就要立刻把这一敌人置于死地。

23. 有3个普通的人，有一天晚上聚集在一家酒店里，互相谈论一些有关未来工作希望的话题。

一人希望拥有一部跑车，另外一人希望存够了钱能出国旅游一番，第三个人在片刻深思之后如此说道："我希望能在一年之内卖出一亿元的商品。"其他二人听了立刻大笑，认为他不是在开玩笑就是头脑有些不正常。但是这个人经过了几年之后，已经成为一位超级市场的经营者，拥有3家连锁店，而且年营业额超过上亿元。

你现在的奢望是什么？回答前希望你好好考虑。

不管什么事，都应将目标提高到2倍以上，将目标高高在上放置着以扩大你的抱负。比方说目前你年收入是10万，那么今后的目标则为20万；渴望拥有100万元的高级住宅，就将目标指向价值200万元的房子。

或许要实现我们心目中的"奢望"是极为困难的，然而正由于你追求的是一个高目标，比起降低你的野心，停顿自己的进步，更能够使你接近成功。

即使有天赋，如果不抱着克服艰难的决心，则什么也做不成。

24. 一个父亲把苹果放在地毯中间，对几个孩子说："谁能不用东西勾，又不踩到地毯而取到苹果，就算赢！"当几个大孩子尽力伸手脚勾苹果时，最小的孩子却把地毯卷起来拿到了苹果。在1992年美国大选中，布什说："我有丰富的经验！"而克林顿却说："我们要改变游戏规则。"我想，布什之所以会落败的一个重要原因，是输在墨守成规"向后看"，而不是"向前看"改变规则。经验丰富的确是一个成功的要素，但是一个人如果对他所拥有的经验过于迷信的话，就意味着他更愿意遵守某些固定的、已有的规则和观念，他的思想就会受制于许多的框框，阻碍他发挥自己的创造力。

在我们情况最好的时候，发展最快、最得意的时候，就要思图改变。一个人最可怕的心态就是习惯于某一种固定的旧模式，认为："我过去做得很好啊！为什么要改变？"他们丝毫没有察觉，其实，失败往往在此就已经埋下了伏笔。

台湾作家刘墉说："当你发现原来的计划和一般做法行不通时，不要去想那个计划花了多长时间，或者有多完美，因为不通就是不通，再完美也没有用。"

25. 任何一个进入销售业的人都知道，基本上，金钱是一切的出发点。人们进入公司工作是为了要赚钱，这并没有什么不好，相反地，对那些不这么盘算的人反而使人感到不安。因为在我们的文化里，没有任何一件事情不需要花钱。当然，家人、友情及人际关系则是建立在一些比金钱更重要的事情上。但是在商言商，<u>只要我们进入商业圈，不管是职员、顾问、老板、合伙人或消费者都和金钱脱离不了关系</u>。

一旦你从商，能力与正直的要求会变得更加重要，因为人们不希望购买劣质产品，或受到无礼的服务，当然，他们更不想和那些无知、没有技能以及不诚实的人来往，我不愿意，你不愿意——没有人会愿意这么做。

专注于你是谁而不是你做了什么，因为你是谁正是你的价值所在。你到底是什么样的人？你重视什么？你怎么过生活？你和其他人有什么关系？你有什么特质？这些才是唯一重要的事情。因为，你是什么样的人将决定你做什么样的事，而不是由于你做了什么样的事来判定你是什么样的人。

一个正直的人会在适当的时机做该做的事，即使没有人看到或知道。亚伯拉罕·林肯说的好："正直并不是为了做该做的事而有的态度，正直是使人快速成功的有效方法。"

26. 1830 年，法国"七月革命"爆发，在经过 3 天的暴乱后，老迈的政治家塔里兰站在他巴黎住宅的窗边，聆听宣告暴动结束的响亮钟声，之后，他回头对一名助手说："噢，听那钟声！我们赢了！"

"我们是谁？"助手问。

他做了个保持安静的手势说："别说话！明天我会告诉你'我们'是谁。"

他清楚地了解，<u>只有傻子才会急急忙忙确定自己的立场</u>——过早地依附某一方，会使自己丧失机动性和主动权。

凡事切勿盲目下定论。

如果让别人觉得他们都能够支配你，你就会失去影响力。保持一定的距离，就会增加他们的注意力，从而使自己获得更高的威望。

27. 当威廉·麦克劳德还是个小人物的时候,有一次,他到《纽约时报》求职。他把申请送进去了,自己在人事部主任的办公室门外紧张地等待结果。

一会儿,一个职员走出门来,对他说:"主任要看你的名片。"

威廉从来就没有准备过什么名片,有点不知所措,不由自主地扯了扯衣服,这个动作使他想起,口袋里恰好有一副扑克牌。于是他灵机一动,从中抽出了一张黑桃A,说:"给他这个。"

半小时后,他被录取了。

后来,威廉·麦克劳德成为了《纽约时报》的一名著名记者。

在变化的社会中,我们往往需要出奇才能制胜。出奇制胜者的最大特点,就是"不按规则出牌"。他们不拘泥于教条,想像力丰富,<u>只要玩得转,就敢于大胆地打破规则</u>,总是能收到出奇制胜的效果。

28. 1973年4月8日,毕加索去世了。他留下了难以估算的巨额遗产,却忘记留下一纸遗书。

从这天起,一场举世震惊的遗产争夺战上演了。参与者除了法国和西班牙政府外,最令人瞩目的是毕加索的遗属。为了占有遗产,甚至亲骨肉对簿公堂,反目成仇,在法庭内外唇枪舌剑,无所不用其极。他们聘请的律师、拍卖估价人和公证人足够建立起一支军队,进行的谈判多达60余次,前后持续20多年才算尘埃落定。

在旷日持久的争夺中,毕加索最后一任妻子奎琳·罗克在床上饮弹自尽;地下情人玛丽特·特丽莎也在自家车库里上吊;唯一合法儿子保罗纵酒身亡;24岁的孙子帕布利托则吞下一粒毒药,在饱尝3个月的折磨后死去。帕布利托的姐姐马里娜,在回忆录中披露了自己少年时代的悲惨经历,她把一切过错归咎于爷爷毕加索,正是他的巨额遗产给家人带来了深重可怕的灾难。

有些人信奉金钱至上,金钱万能。说什么"金钱主宰一切","除了天堂的门,金子可以叩开任何门"。他们视金钱为上帝,不择手段去得到它，他们一边用损坏良心的办法挣钱，一边又用损害健康的方法花钱。钱越多的人，内心的恐惧越深重，他们怕偷、怕抢、怕被绑票。他们时时小心，处处提防，惶惶然不可终日，寝食难安。恐惧的压力造成心理严重失衡，哪里有快乐可言？其实，钱财乃身外之物，生不带来死不带去，应该取之有道，用之有度。金钱也并非万能，健康、友谊、爱情、青春等都无法用金钱购买。<u>我们应该做金钱的主人，而不应该沦为它的奴隶。</u>

29. 一位犹太教的长老，酷爱打高尔夫球。但犹太教义规定：信徒在安息日必须休息，不能做任何事情。

这一天，这位长老终于忍不住了，偷偷跑到高尔夫球场，他想只打9个洞就收杆回家，反正球场上一个人也没有，自然也不会有人知道他违反规定。

然而，当长老在打第二洞时，却被在人间巡视的天使发现了。天使在上帝面前告状，说长老不守教义，居然在安息日打高尔夫球。上帝说，一定会好好惩罚这个长老。

在打第三个洞的时候，长老打出了超完美的成绩——一杆进洞。长老兴奋莫名，连连几杆，长老都一杆将球击进洞里。在打第7个洞时，天使又跑去找上帝："上帝呀，为何还不见您对长老的惩罚？"上帝说："我已经在惩罚他了。"

直到打完第9个洞，长老都是一杆进洞。因为这次球打得太顺利了，于是长老决定再打9个洞。天使又去找上帝了："您到底准备怎样惩罚长老呢？"上帝只是笑而不答。

打完18个洞，长老的成绩已经超过了任何一位世界级的高尔夫球手，长老兴奋异常。天使心中不平，他问上帝："这就是您对长老的惩罚吗？"

上帝说："正是，你想想，他有这么惊人的成绩，以及兴奋的心情，却不能把自己在安息日打球的事跟任何人说，这不是最好的惩罚吗？"

即使是快乐，当它不能与别人分享时，也会变成一种惩罚。快乐如果能够分享，快乐会加倍；痛苦如果能够分担，痛苦会减少。

30. 一些有钱人认为自己高高在上，得意并鄙夷地看着那些为生计奔波的人。他们认为拥有了钱就拥有了一切——大多数人都是这样的。曾有人问第欧根尼："那位财主是不是很富有？"

第欧根尼回答说："不知道，我只知道他很有钱。"

"那你就是说他很富有啦？"

"不是的。"第欧根尼说，"富有的人未必有钱，而有钱的人未必富有。"

此话不假，有钱而没有其他东西也只是个穷人。万贯家产死后带不走分文，终将成为别人的东西。金钱只是一种证明——曾经是聪明人的证明，但拥有它并没有什么资格骄傲。

毕阿斯曾说过，自己觉得最快乐的事是挣钱。有很多人误解他贪财，其实他真正的意思是喜欢享受挣钱的过程。对他来说最快乐的事是挣钱而不是花钱。当普里埃耶遭到进攻、大家纷纷带上自己最贵重的东西逃命时，只有毕阿斯一人两手空空。人们问他为什么不带些重要的东西时，他说："我最重要的是我的生命，它就在我身上。"毕阿斯很清楚自己最重要的是什么，他才是真正聪明的人。

31. 谈话时排除他人，就如同宴会时赶走客人一样荒唐和不可思议。

千万记住，不要遗漏任何人，让你的双眼环视着周围每一个人，留心他们的面部表情和对你谈话的反应。

在众多人的聚会中，常有少数人被无情地冷落，假如被你冷落的恰巧是来日对你事业前途至关重要的人物，那将会有怎样的后果呢？

因此，不要冷落任何人，即使他的言行举止是多么令人生厌。"己所不欲，勿施于人"，想想自己被人冷落的滋味。

32. 上帝之所以给人一个嘴巴，两只耳朵，就是要人多听少说。

即使你与对方非常熟悉，也不要自找麻烦。唯一可行的办法，只有假装不知，若无其事。他有阴谋诡计，如果你参与其中，代为决策，帮他执行，从好的方面来说，你是他的心腹；而从坏的方面来说，你是他的心腹之患。

33. 公元前450年，古希腊历史学家希罗多德来到埃及，他在奥博斯城的鳄鱼神庙发现，大理石水池中的鳄鱼，在饱食后常张着大嘴，听任一种灰色的小鸟在那里啄食剔牙。这位历史学家感到非常惊讶，他在自己的著作中写道："所有的鸟兽都避开凶残的鳄鱼，只有这种小鸟却能同鳄鱼友好相处，鳄鱼从不伤害这种小鸟，因为它需要小鸟的帮助。鳄鱼离水上岸后，张开大嘴，让这种小鸟飞到它的嘴里去吃水蛭等小动物，这使鳄鱼感到很舒服。"

这种灰色的小鸟叫燕千鸟，它在鳄鱼的血盆大口中寻觅水蛭、苍蝇和食物残屑。有时候，燕千鸟干脆栖居在鳄鱼的身上，好像在为鳄鱼站岗放哨，一有风吹草动，它们便一哄而散，使鳄鱼猛醒过来，做好准备。

燕千鸟是以保持掠食者的健康来换取食物，它们都是与成功者为伍的榜样。它们的行为与傻乎乎的毛毛虫不同，它们有明确的目的，并且知道鳄鱼每次成功的捕食，都会给自己带来好处。

自然界总会给人类带来好的经验。还没有获得成功的人，都可以拿燕千鸟等动物做榜样。<u>在成功者周围，做他的伙伴，让他知道你会帮助他，最终你可以从他那里分得利益</u>。这样做绝不是简单的追随，这是合作，是借助有实力的伙伴来取得属于自己的成功。

34. 英国教师布罗迪年老时整理阁楼旧物，发现了一叠练习册，它们是皮特金幼儿园50年前B（2）班31名孩子的春季作文，题目叫《未来我是……》。

布罗迪顺便翻了几本，很快被孩子们当年千奇百怪的自我设计迷住了。比如：有个叫杰克的小家伙说，未来的他是海军大臣，因为有一次他在海中游泳，喝了几升海水，居然没有被淹死；还有一个说，自己将来必定是法国的总统，因为他能背出25个法国城市的名字；最令他拍案叫奇的，是一个叫戴维的小盲童，他认为自己将来必定是英国的内阁大臣，因为还没有一个盲人进入过内阁……总之，31个孩子都在作文中描绘了自己的未来，有当驯狗师的，有当领航员的，有做王妃的，五花八门，应有尽有。

他觉得有必要考究一下31个梦想历经50年后的模样，于是布罗迪在报纸上刊出了寻梦的广告。结果怎样？30个当年的小朋友都有回信：他们一个个居然都正在从事50年前梦想要做的事情！到了指定的期限，只有那个叫戴维的没有回音。布罗迪觉得也够满足的了，毕竟只有一个人的梦想没下落。

就在他准备把这个没人认领的本子送给一家私人收藏馆时，他收到内阁总理大臣布伦克特约的一封信。布伦克特约在信中说，那个叫戴维的就是我，感谢你还为我们保存儿时的梦想。不过我已经不需要那个本子了，因为从那时起，我的梦想就一直在我的脑子里，我没有一天放弃过。50年过去了，可以说我已经实现了那个梦想。今天，我还想通过这封信告诉我其他的30位同学，只要不让年轻的梦想随岁月飘逝，成功总有一天会出现在你的面前。

布伦总理的这封信后来被发表在《太阳报》上，他作为英国第一位盲人大臣，用自己的行动证明了一个真理：只要敢于梦想，什么奇迹都可能发生。

35. 苦难变成财富是有条件的。这个条件就是，我们最终战胜了苦难并不再受苦。只有在这时，苦难才是一笔值得骄傲的人生财富。此时，再怎么说自己以前的苦难，都不会自卑，反而有一种豪气；别人听过他的苦难，不觉得是听他念苦经，而觉得是听传奇，不会可怜他，轻视他，反而敬重他。

但如果他没有走出苦难，他说什么呢？他一说，在别人听来就是诉苦，就是乞怜。他说他在苦难中磨炼了品质，学会了坚韧，谁信？人家只觉得他是在玩儿精神胜利。

<u>你战胜苦难，它就是你的财富；苦难战胜你，它就是你的屈辱。</u>

36. 励志大师拿破仑·希尔曾用不同的方式对这一问题进行了表述，要实现你的梦想，就必须努力找出梦想的生活是什么样的。他将这种梦想的生活称为"确定目标"。在研究了当时最成功人士的经历之后，希尔得出结论，认为有了"确定目标"的人，才会很容易地在时间、精力和金钱上排出优先顺序，并且最终实现梦想。

如果你无法使自己的愿望具体化，或者你所写下的无法量化或无法检验，那么它们仍然不是目标，而只是一种希望。

例如，写下"我想在2010年变成富翁"是毫无意义的，一点儿用也没有。

37. "薄利多销"是很多国家商界牢不可破的商业法则。但是犹太人却相反，他们的口号是"厚利才能赚大钱"。犹太人认为：名贵的珠宝、钻石、金饰，一掷千金，只有富裕者才买得起。既然是富裕者，他们付得起，又讲究身份，对价格就不会那么计较。相反，如果商品价格过低，反而会使他们产生怀疑。

犹太人还认为，压低价格，说明你对自己的商品没有信心。即使是一张1美元的钞票，犹太人也可以卖到2美元，甚至是10美元。"绝不要廉价出售我们的商品"，这是犹太人的信条。

38. "带来坏消息的信使会被国王砍头"，这是一句俗语，却包含真理。

你必须时刻都保持警惕，以确保传送坏消息的命运落在自己身上。永远只带好消息，如此你的到来会令他人高兴不已。

39. 1786年春天的一个夜晚，法国国王路易十六的王后玛丽·安东尼来到巴黎戏剧院观看戏剧，当她仪态万方地出现在剧场里时，令全场观众全部站了起来，一片沸腾的景象。顷刻之后，欢声笑语逐渐平息，剧场将要恢复安静，正在这时，观众群里有个自以风流倜傥的年轻的公爵奥古斯丁站起来向王后"咻！咻！"吹了两声很响的口哨。国王路易十六知道此事后，勃然大怒道："哪里来的毛头小子，竟敢调戏王后！"然后，便命令将奥古斯丁抓起来，未经过任何审判程序，年轻的公爵就被关进了监狱。

直到1836年，被关押了50年之久，年纪已经72岁的奥古斯丁才被释放。奥古斯丁只因吹了两声口哨，竟换来了50年的牢狱之灾。

奥古斯丁用两声口哨换来50年的牢狱之灾的确得不偿失。他轻佻的行为对于一个位高权重的人来说，无疑就是一种挑衅。在奥古斯丁自己来看，可能是想表现一下自己的与众不同，以引起王后的注意，想出出风头而已，可对王后来说，奥古斯丁的行为自然意味着调戏。

绝不可让奥古斯丁的悲剧在你的身上重演，<u>时时刻刻都要注意自己的行为习惯</u>，要用较为规范的、文明的、约定俗成的行为习惯来严格要求自己，这样就不至于在社交场合失误。

40. 伊丽莎白一世是英国历史上一位著名的女王，她身边有一个叫罗伯特的宠臣，他外表英俊潇洒：棕色的头发，黑黑的眼睛，颀长的身体。罗伯特进宫时非常年轻，深得女王的宠爱，在很短的时间内，一跃而成为女王面前最吃香的人物之一，女王甚至深深地爱上了他。有一天早上10点钟，那正是女王梳妆打扮的时间，他来到王宫。门口的侍女告诉他，女王正在梳妆，不宜晋见。罗伯特恃宠任性，他想什么时候见到女王就要在什么时候见到女王。于是，他不待通报，并不顾侍女的劝阻，径直闯进了女王的居室之中。

此时的伊丽莎白女王从床上起来，罗伯特的突然到来，使女王大吃一惊。

一个迟暮之年的女性，在这种时候是不愿让一个年轻的爱慕者看见她的，而罗伯特恰恰闯了进去。他也吃了一惊，他几乎认不出女王了。此刻的伊丽莎白除了女王的尊严以外，几乎没有一点动人之处，灰白的头发披散在脸旁，眼角和额头上有了微微的皱纹，双颊没有胭脂，眼睛的周围也没有光彩，平日那种耀人的奕奕神采荡然无存。女王看见罗伯特进来，虽然心中吃惊而恼怒，但还是不动声色地把手伸给他吻，并对他说，稍候一会儿就会见他。

罗伯特洋洋得意，以为女王对他百依百顺。可是他却是大大失算了。女王非但没有召见他，相反还下了一道御旨：罗伯特必须待在他的寝室里，不得踏出半步。罗伯特一下从座上宾变成了被软禁的囚徒。

就在罗伯特被软禁不久，即发生了苏格兰"叛乱"事件，伊丽莎白一世费尽心思，才平息叛乱。之后，他迁怒于罗伯特，将他判处死刑。1601年2月的一天，罗伯特穿着黑色的囚服，从伦敦塔监牢里出来，走向凯撒塔的断头台。

罗伯特走向断头台时，恐怕还感到死得莫名其妙，其实这个得意忘形的贵族子弟，是个最不开窍的男人。因为作为女人的伊丽莎白一世，虽然身居高位，但她的心理和大多数女人一样，都崇尚美丽的外貌，尤其在自己喜欢的人面前，更是如此，总想以其耀人的风采来博取对方的青睐和爱慕，所谓"女为悦己者容"，她不能不关心自己的容颜，不能不关心自己在别人心目中留下的印象。当罗伯特退出寝宫之后，女王立即命宫女拿出一面镜子，当她看到自己在镜子里的憔悴模样，一股酸楚之感便涌上心头。须知伊丽莎白一世是个终身未嫁的女性，但她对婚姻又非常着迷，自然对异性敏感的程度又异于一般人。而她的讳莫如深的一面竟然让心爱的人看见了，这怎能不使她十分尴尬而耿耿于怀呢？

41. 16世纪最伟大的统治者之一，西班牙国王查理五世，他同时被推举为神圣罗马帝国皇帝，其统治的帝国曾经一度包括大部分的欧洲以及美洲新大陆。1557年就在他权力巅峰时，他退位隐居于尤斯塔修道院，当时全欧洲都困惑于他突然的隐退，曾经痛恨、畏惧他的人突然改口赞扬他的伟大，结果他被视为圣徒。又如1941年电影女明星葛丽泰·嘉定息影后，反而得到比从影时更多的仰慕。对某些人而言，她的隐退来得太突然了，当时她不过三十几岁。其实她很聪明，宁愿以自己选择的方式离开，而不是等到她的观众厌弃她。

42. 中国人有着强烈的乡土观念，其表现之一就是对同乡人有一种天生的热情，尤其是到外地上学或谋生之时，这种同乡感情就愈发强烈。

　　阎锡山是山西五台人，当时山西流传出一句话："会说五台话，就把洋刀挂"，韩德勤是江苏洋河人，他当江苏省主席时，那里的百姓则说："会说洋河话，就把洋刀挂"。

　　陈炯明是广东海丰人，他做了广东都督后，大用海丰人，省政府内到处都能听到海丰话。孔祥熙是山西人，他在金融系统重用山西人，理由则是"只有山西人会理财"。

　　蒋介石是奉化人，他倒并不在乎别人讥讽他重用奉化人。他的侍卫长多用奉化人，如俞济时、蒋孝先等。而侍卫官则几乎一律是奉化人，因为在他眼中，奉化人是最可靠的。

43. 有位很活跃的油画家，曾透露他在年轻时代过了一段非常困苦的生活，经常三餐不继。有一次，他把一幅连自己都没有信心的画拿到画商那儿，画商看了半天，付给他一笔当时他认为很多的钱。

　　就画家来说，画商并非买了这幅画，而是给了他前途。此后他终于成功地熬出了头。

　　那笔金额是否很高呢？其实不见得，但直到今天，那位画家对这笔款项一定还觉得非常庞大。人在困厄消沉中，有人向他伸出援助之手，可以使人产生长久的感恩之情。对画家来说，画商的钱的确成就了他的前途，因此，这位现在已成名的画家若有满意的作品，一定会交给那位画商，并且以低价成交。

人对金钱的标准，往往因状况不同而有很大的差异，因此，"雪中送炭"远比"锦上添花"有意义。

44. 第二次世界大战时，日本首相铃木的一句语义含混的言论，则导致日本遭到第一颗原子弹的袭击——

1945年7月26日，敦促日本投降的《波茨坦公告》宣布之后，日本天皇就明确地表示接受公告提出的投降条件。但是因为接受投降的声明还没有送达日本内阁，所以，当时任内阁首相的铃木接见新闻界人士时就说："内阁对《波茨坦公告》持默杀态度。"问题就出在这"默杀"二字上。"默杀"在日本语中是多义词，它有两种解释：一为"暂不予以评论"，二为"暂不予以理睬"。这两个含义的差别是很大的。在译成英语时，不幸又被译成后种含义，从而激怒了对方。8月6日8时15分，美国飞机向广岛投下了第一颗原子弹，顷刻间广岛变成了一片废墟……

日本一位著名的和平战士加濑俊一曾经这样批评铃木的用语："要不是这个灾难性的差错，日本也许可以躲过原子弹的袭击和苏联的进攻。"

45. 把实力摆在脸上的人，不是自大狂就是因为过度自卑。在推销中泄露实力是最不可原谅的错误。

泄露实力不是泄露底牌，虽然泄露底牌也等于泄露了实力。泄露实力意即像穿着新装的皇帝一样，在你的对手面前一览无余！

每一个推销人员都明白这个道理："知己知彼，百战不殆。"实际上，可以说所有的推销人员都是尽力这样做的。商业的推销中，要求我们在推销前有所准备，要清楚地了解自己和对手的各方面状况，才可能常胜不败。我们掌握的信息越多，准备得越周密，推销时就越得心应手。因此，我们应尽量全面地收集有关信息，研究信息。但是，我们也要认识到，对手也在做着同样的工作。常识告诉我们：<u>对方知道得愈少，对自己就愈有利</u>。因此，在了解对手的同时，我们还有一件很重要的工作要做，那就是保守自己的某些秘密，不要让它泄露或过早地泄露，以免让对方知道自己的全部实力。

46. 2003 年 4 月，皮鲁克斯在哈佛大学做了一个题为《做人的意义》的报告，他陈述了一个别有人生哲理的事实：世上仅存的植物当中，最雄伟的，当属美国加州的红杉。红杉的高度大约是 90 米，相当于 30 层楼以上。

科学家深入研究红杉，发现了许多奇特的事实。一般来说，越高大的植物，它的根应扎得越深，但科学家却发现，红杉的根只是浅浅地浮在地面而已。

理论上，根扎得不够深的高大植物，是非常脆弱的，只要一阵大风，就能将它连根拔起。红杉又如何能长得如此高大并且屹立不倒呢？

研究发现，红杉必定是一大片生长在一起的，并没有独立长大的红杉。这一大片红杉彼此的根紧密相连，一株接着一株，结成一大片。<u>自然界中再大的飓风，也无法撼动几千株根部紧密联结、占地超过上千公顷的红杉林</u>。除非飓风强到足以将整块地掀起，否则再也没有任何自然力量可以动摇红杉分毫。

本 章 精 义

1. 拒绝单打独斗
2. 不要先自乱阵脚
3. 你不可能样样深入、门门第一
4. 你可以变通规则，但不能打破规则
5. 遇难者大多死于自己的慌乱
6. 勿盲目确定自己的立场
7. 不冷落任何人
8. 多听少说
9. 弱者总是悲惨的，总是要被别人摆布
10. 你战胜苦难，它就是你的财富；苦难战胜你，它就是你的屈辱
11. 即使是快乐，当它不能与别人分享时，也会变成一种惩罚
12. 食欲是最好的调味品